重庆市教委重大项目（KJZD-M202001301）
重庆市技术创新与应用发展专项（cstc2019jscx-gksbX0147、cstc2020jscx-msxmX0055）
重庆英才计划创新创业团队（CQYC20200309221）

# 两栖动物养殖环境与疾病防控

蔡明成　樊汶樵　刘菊梅　李晓英
黄孟军　司万童　王成琳　编著

西南交通大学出版社
·成　都·

**图书在版编目（CIP）数据**

两栖动物养殖环境与疾病防控 / 蔡明成等编著. —
成都：西南交通大学出版社，2021.10
ISBN 978-7-5643-8338-1

Ⅰ. ①两… Ⅱ. ①蔡… Ⅲ. ①两栖动物－淡水养殖②
两栖动物－动物疾病－防治 Ⅳ. ①S966.9②S947.9

中国版本图书馆 CIP 数据核字（2021）第 209997 号

Liangqi Dongwu Yangzhi Huanjing yu Jibing Fangkong

# 两栖动物养殖环境与疾病防控

蔡明成　樊汶樵　刘菊梅　李晓英
黄孟军　司万童　王成琳　编著


| | |
|---|---|
| 责任编辑 | 牛　君 |
| 助理编辑 | 唐晓莹 |
| 封面设计 | 何东琳设计工作室 |
| 出版发行 | 西南交通大学出版社<br>（四川省成都市金牛区二环路北一段 111 号<br>西南交通大学创新大厦 21 楼） |
| 发行部电话 | 028-87600564　028-87600533 |
| 邮政编码 | 610031 |
| 网　址 | http://www.xnjdcbs.com |
| 印　刷 | 成都蜀通印务有限责任公司 |
| 成品尺寸 | 170 mm × 230 mm |
| 印　张 | 12.75 |
| 字　数 | 184 千 |
| 版　次 | 2021 年 10 月第 1 版 |
| 印　次 | 2021 年 10 月第 1 次 |
| 书　号 | ISBN 978-7-5643-8338-1 |
| 定　价 | 38.00 元 |

# ·前 言

两栖动物自然生长或养殖环境对其生长、发育以及疾病等均有极大影响。目前，国内外对于两栖动物及水产养殖环境具有较严格的监管，也建立起了相应的政策体系、法律体系以及标准体系等。目前，世界范围内两栖类动物出现种群数目减少、畸形个体大量增加的现象，引起研究人员、环保主义者和政府管理部门的高度重视。多项研究报道显示环境污染等因素可引发两栖类的群体性死亡和种群的衰退，两栖类新生个体长期生活在水中，与成体相比接触污染物的时间更长，且对各种污染物的耐受性较成体低，更容易遭受到不可逆的遗传损伤，进一步影响两栖类的繁殖能力。另外，寄生虫、细菌和真菌感染等都可能损害两栖类动物的生长及其适应能力，研究两栖动物生存环境对其生长、疾病防控等具有非常重要的意义。

本书共 6 章，第 1 章介绍水产养殖环境监控，并分析了国内外存在的问题及其原因。第 2 章就水环境污染对两栖类动物的影响效应进行分析，解析了水环境污染对两栖动物繁殖能力、个体发育、组织器官发育、抗氧化能力、细胞水平以及基因表达水平的影响；同时，提出保障两栖动物生长环境的调控措施。第 3 章以武隆某大鲵养殖基地为例，详述了养殖基地周边土壤、水体氮磷含量和周边重金属污染情况，解析了养殖环境对大鲵生长的影响——在不同的生长环境中，两栖动物自身免疫能力不同，被病原微生物感染的概率也具有一定差异。第 4 章详细介绍了我国目前常见的几种养殖类两栖动物的饲养管理以及疾病防治等内容。第 5 章具体介绍棘腹蛙感染不同细菌和病毒性疾病的病原、症状以及防控相关内容。第 6 章则详述了中国大鲵的传染性疾病及其防控，主要从细菌、病毒和寄生虫感染对大鲵的影响进行分析，为中国大鲵的传染性疾病防控和治疗提供重要的支撑。本书适合从事两栖动物养殖和疾病防控的研究人员、技术人员以及各高校动物学相关专业的师生参考使用。

本书第 1、2 章由蔡明成、樊汶樵和刘菊梅牵头撰写，第 3、4 章由蔡明成、樊汶樵和司万童牵头撰写，第 5 章由蔡明成和李晓英牵头撰写，第 6 章由黄孟军和王成琳牵头撰写。

在实践过程中，环境控制、疾病鉴定防治具有一定的差异，本书的部分内容难免有疏漏之处，敬请广大读者批评指正。

**编 者**

2021 年 8 月

# ·目 录

# 第一章　我国水产养殖环境现状与监管

我国的水产养殖行业目前大多数采取的还是传统的养殖模式，随着市场需求量的大幅提升，目前的养殖模式已经无法满足日益增长的养殖需求。不科学的操作浪费了大量人力、物力和财力，导致水产养殖的整体效果不好，无法取得较好的收益。而且部分养殖户本身养殖知识缺乏，无法对相应的资源进行有效的开发。经济效益偏低让养殖户收入薄弱，无法投入更多资金去引进新的技术，水产养殖环境质量得不到很好的保障，水生动物受损现象较多，造成了不小的经济损失，养殖废水得不到很好的处理，对周边环境的污染问题依然存在。此外，一些大型养殖企业的介入，其目的是想推动地区水产养殖行业的发展，但是却忽略了当地的实际情况，养殖产品缺乏当地特色，很难推动该地区水产养殖业的良性发展。

本章从我国水产养殖环境现状入手，详细分析了我国水产养殖环境的问题成因和水产养殖对周边水环境的影响效应，进一步在监管政策体系和监管措施上探讨了我国水产养殖环境的监管现状和现存的主要问题。

## 1.1　我国水产养殖环境现状

### 1.1.1　影响我国水产养殖环境的因素

水产养殖环境对水产品的质量具有决定性作用，养殖环境遭到破坏或者污染会导致养殖水体生态失衡。质量不达标的养殖水体环境无法为水生动物提供健康的生长环境，同时被破坏的养殖水体环境还会对水产养殖行业链条产生破坏作用，如果不进行有效控制就会让水产养殖的水环境污染程度越来越重，让水产养殖业蒙受损失，发展受阻。我国水产养殖环境的主要影响因素如下：

1. 水质酸碱度变化

对于大部分的水产养殖鱼类，酸碱度要控制在对鱼类生长最合适的区间，在 7.8 ~ 8.8，这个区间是水环境中微生物氧化分解共同作用影响的结果。如果酸碱度偏低，水质呈现酸性，会导致鱼类生存能力下降，鱼类出现短暂性缺氧的现象。而如果水质碱性较强，则会对鱼鳃等器官产生毒性效应，为多种病菌的侵入提供条件，引发水生动物感染疾病。另外，水体的 pH 发生变化时，鱼类和两栖类等水生生物体内会富集硫化氢和氨类等有毒有害物质。长期累积会增加水生生物的死亡率，生物残体进一步使养殖水体中的细菌大量繁殖，造成养殖水体质量下降。

2. 亚硝酸盐富集

养殖水体中的氨转化为硝酸盐的过程会产生一定量的中间代谢产物，即亚硝酸盐。在正常情况下，水体中的硝化细菌和其他微生物都能将其转化，不会对水产养殖品产生影响。但是如果水体中投放了过量的消毒剂，就会使这些硝化细菌和转化亚硝酸盐的微生物被杀死。这样一来大量水产养殖产品的排泄物无法被水体微生物及时分解，这些排泄物和淤泥在无氧条件下会发酵产生大量的亚硝酸盐，亚硝酸盐的积累会使水生生物体内的血红蛋白数量降低，甚至中毒死亡。如此恶性循环往复，水体污染进一步扩大，破坏水产养殖环境的整体质量，甚至会危及水产养殖场所在的流域水环境或地表水环境质量。

3. 富营养化污染

在水产养殖的过程中，最容易出现的问题是水体富营养化。这一现象出现的主要原因是水塘中的水产较多，养殖的密度及强度较大，水生生物分布不均，池塘里的水体缺乏流动性。再加上水体自身的净化能力赶不上被污染的速度，从而会把投喂水产品的剩余营养物质以及各种鱼类的排泄物积累到养殖水体中不易被微生物分解吸收，容易造成水体的富营养化。富营养化的水体容易产生一些浮游植物，它们占据池塘的大量空间，消耗水体中的氧气，对水产品的正常生存和繁殖造成威胁。

更重要的是，这些富营养化水体中的有毒物质随着水产养殖水体的排放，会对周边水环境产生严重危害。为了维持养殖水体的生态功能，必须通过更新水体来保证水产养殖正常进行。这个过程会造成水产养殖废水污染的外扩，影响周边的水域生态环境。水产养殖废水能显著增加周边水域的氮、磷输入量，加快水体富营养化的进程，导致浮游生物、底栖生物的种群数量发生变化。例如蓝藻的大量繁殖，疯狂生长的蓝藻不断消耗水体中的氧气，进一步造成大量水产动物因缺氧而死亡。

4. 重金属污染

养殖过程中不精确地投放饵料或是使用废弃生锈的养殖工具和机械等，都会将重金属离子如铁、铜、铅、锌、铬、镍等元素带入养殖水体，在水生生物体内富集放大，使水生动物病变，诱发动物畸形发育。重金属污染难以去除，长期累积会对养殖场区域生态环境造成不可逆的损害。被重金属污染的水产品被人类食用后，也会对人体健康产生威胁。

5. 渔药残留

渔药又称水产药，指用于预防、控制和治疗水产动、植物的病虫害，促进养殖品种健康生长，增强机体抗病能力以及改善养殖水体质量的物质。渔药药物残留是指在水产养殖过程中，为防病、治病而使用渔药后蓄积在水产品的任何食用部分的药物，包括药物的原药、药物代谢产物以及相关杂质的残留。

目前市场上常用的渔药主要有生物药、消毒剂、杀虫驱虫剂、环境改良剂、改善代谢和保健药、中草药 6 大类。以产量来估算，其中消毒剂占 35%，抗微生物药等其他类渔药约占 20%。常见残留的渔药品种主要包括呋喃类、抗生素类、喹诺酮类以及某些激素等。一般来说，残留的渔药量很低，很少能导致人体产生急性毒性，因而常常被人忽视。如果长期摄食含有低剂量药物残留的水产品，这类药物会在人体内慢慢蓄积，最终会严重危害人体的健康。这种损害作用主要包括毒性作用、过敏反应、诱导产生耐药性、引起菌群失调、致畸、致癌、致基因突变作用、导致生理功能发生紊乱等不良反应。

### 1.1.2　水产养殖环境问题成因

水产养殖环境问题成因有内因和外因。根据辩证唯物主义的观点来说，内部因素是决定事物发展变化的根本原因。造成水产养殖水体污染的根本原因就是养殖过程中自身产生的污染。例如水产菌种，良好的菌种能显著提高水产品的质量，但是残次的水产菌种往往会起到适得其反的作用。

#### 1. 养殖方式对养殖环境的影响

当前，我国水产养殖主要采取淡水池塘、工厂化和网箱 3 种养殖方式。

（1）淡水池塘养殖。该养殖模式属于产能较高和密度较大的养殖方式，内部水体的整体稳定性和水体自身净化能力较差，而且水环境中水生动物的粪便与残饵较多，导致水体营养较为丰富，而且会出现水体缺氧的情况，这就会导致水产动物成群死亡，且水体内的浮游植物会在短期内大量生长，导致水产养殖失败。

（2）工厂化养殖。该养殖模式主要是外部投放饲料，并投放相应的鱼药，这样内部水体就能及时更新，同时把养殖废水排入周边水域。因为其中包含了诸多氮磷类污染物质，会导致周边水域被污染，引发富营养化，甚至出现水华现象。

（3）网箱养殖。该养殖模式主要是在水中设置网箱而限制水产动物的活动。此时养殖环境直接和外部的水体环境连接，在网箱中投入鱼饵和鱼药之后，不仅会对网箱内部的水体造成影响，而且对外部水体也会造成影响，导致养殖水体出现富营养化现象，而且极易引起大面积的水华产生，对流域水体环境造成破坏。

#### 2. 水产养殖技术落后对养殖环境的影响

（1）药物的不规范使用。在水产养殖的过程中，缺乏一些专业的技术人员，养殖户对相关理论知识系统不够了解，没有深入学习，进而在投放药物时容易超标。养殖户缺乏病害防范意识，一旦在养殖区出现病害，他们就根据自身以往的经验或简单查阅资料后就开始投放药物，而投入的药剂一般是化学制品，如杀菌剂、抗生素、除草剂、促进水产品生长的激素类等。这种不准确的投放也会加剧对水产品及养殖水环境的危害。

（2）饲料和化学制品的滥用。在水产养殖的过程中会经常用到一些化肥及饲料，这些营养物质中含有大量有机物、无机物，是培育水产品时不可缺少的成分。但是如果用量比较大会导致水域水体富营养化，如果没有及时地将饲料消耗，就会产生大量的残留颗粒，这些剩余物质也会对水体造成持久的污染，逐渐降低水产动物的总体产量。

（3）养殖场所的清理不及时。各种水产动物的排泄物等含有大量尿碱、氮磷盐等物质，若不及时清理，也会对水域环境产生严重污染，导致水产品死亡。水产品的尸体、残骸堆积在水体底部形成淤泥，淤泥经过二次分解也会释放出大量有毒物质，造成养殖水体的二次污染。

### 1.1.3 水产养殖对周边环境的影响

1. 养殖废水排放

目前我国水产养殖大多数都采用集约化养殖方式，养殖密度过高。养殖者为了提高产量而多频率、多量地投放饲料，甚至会投放化学制品。水产品自身会产生大量的排泄物。这些排泄物、多余的饲料和化学品在水中部分溶解，造成养殖水体中的氮、磷含量极易超标。且养殖水体中氮含量随着养殖量的增加而不断增加。

在池塘养殖中，一般情况下5%～10%的饲料是未被食用的，25%～30%的饲料被鱼食用后以粪便的形式排出。饲料中氮、磷元素只有小部分供给鱼类生长，大部分都沉积池塘中，造成浪费和污染。最终导致水产养殖尾水的排放具有以下主要特点：

（1）废水排放量大且污染严重，与工业废水和生活污水相比，污染物浓度低，溶解氧浓度高，碳氮比远远低于微生物的最优碳氮比值。因此，与常见的污水相比，水产养殖废水处理难度更大、技术要求更高、工艺要求更复杂。

（2）部分养殖者环保意识不强，水产养殖废水基本上直接外排入水沟、河流等，对周围的环境造成污染。因为水域环境与区域范围内的降水存在着一定的联系，能够在一定范围内进行水汽交换。而其他的生态系统如田地、湿地、溪流等也很容易受到来自临近水域环境污染所带来的负面影响。因此，这些养殖废水的直排放会对养殖场所在流域的地表水和土壤环境产生难以估量的危害。

2. 池塘淤泥外排

在池塘内，由于水生动物的粪便，残留的饲料和其他有机肥不断积累，与泥沙一起在池塘底部形成一定厚度的淤泥。如果不及时清理，危害很大，主要表现如下：

（1）淤积使池塘深度变浅，蓄水量和活水量减少，承载力下降，影响水产品产量。

（2）由于底泥中大量的有机物在高温季节细菌的作用下氧化分解，不断消耗水中的溶解氧，逐渐使水体溶解氧消耗殆尽，形成缺氧或厌氧状态，导致厌氧菌迅速繁殖，发酵分解有机物产生对水产动物有毒有害的物质，这些物质具有很强的亲氧性，进而使池水负“氧债”。

（3）淤泥中大量的含氮有机物质，进行有氧分解或无氧分解产生氨。氨的毒性高，在很低浓度下就能影响水产品的健康生长。

（4）淤泥中有大量的致病虫菌，有害微生物的大量繁殖造成池塘环境恶化，导致水产动物的疾病抵抗力下降，死亡率增加。

因此，养殖户每年都会对池塘进行清理消毒，为下一年的养殖做准备。据调查水产养殖外排的池塘淤泥，主要去向包括还田当作种植肥料或填补塘埂等。由于淤泥中含有大量的污染物质和病原细菌，淤泥的不合理利用势必对外部水环境和农田土壤环境造成一定的化学污染和生物污染。

## 1.2 我国水产养殖环境监管现状

自中华人民共和国农业农村部2018年成立后，我国渔业管理逐渐形成了横纵结合的管理结构。其中水产养殖环境管理机构包括：国家生态环境部；省、自治区、直辖市生态环境局；市、州、盟生态环境局；县、旗生态环境局和镇人民政府五级行政管理机构。同时还涉及渔业渔政部、水电水利部、国土资源部、林业部、交通部等部门及其下属行政机关。

我国从20世纪70年代就提出了水产养殖环境监管与预警技术，截至目前已经有了近50个水产环境监测网络系统，制定了一批水产养殖行业标准。除此之外，我国还推出了水产养殖的环境评估技术和以生物技术为核心的综合调控与修复技术，对水产养殖环境的各类质量指标起到了很好的调节和优化作用。

### 1.2.1 水产养殖环境监管政策体系

我国的水产养殖业水环境管理体制属于分散管理型，环境政策体系包括法律、行政法规、部门规章、标准和规划五个层次。本节摘重点阐述如下。

1. 法律类

《中华人民共和国环境保护法》第十条赋予国务院环保主管部门以及县级以上地方人民政府环保主管部门对全国以及本行政区域内环保工作统一行使监管权，县级以上人民政府的相关部门和军队环保部门对环保工作行使协同监管权。由此可见我国环保方面的行政管理机关是环保方面的主管部门，具有法定的管理义务和权利。第三十三条规定各级人民政府应当加强对农业环境的保护，促进农业环境保护新技术的使用，加强对农业污染源的监测预警，统筹有关部门采取措施，防治生态失调现象，推广植物病虫害的综合防治。县级、乡级人民政府应当提高农村环境保护公共服务水平，推动农村环境综合整治。

《渔业法》是我国当前存在的法律中以渔业产业为主的法律。在本法的第二章中明确了水产养殖业中的各方责任。第十一条规定水产养殖行为必须在国家批准可以养殖的水域、滩涂进行。使用该水域、滩涂从事养殖活动的单位和个人，必须向县级以上有关部门提出申请，取得同级人民政府颁发的养殖许可证。第十五条规定县级以上人民政府应当采取措施，加强对商品鱼和城市郊区重要养殖水域的保护。第十九条和第二十条规定任何单位和个人在进行水产养殖生产时应合理饲养，不可使用有毒有害的诱饵、药物、化学饲料等，应保护养殖水域的生态健康，不可使养殖水域环境受到污染，这点在《水污染防治法》中也有相似的规定。

《水污染防治法》在修订后保留了渔业主管部门对渔业污染事故的调查处理和责罚的权利，又将其列为水污染防治工作实施监督管理的职能部门，增强了其在渔业水域环境保护、渔业船舶污染防治、污染事故调查处理等方面的话语权，对促进我国渔业绿色健康和可持续发展具有重要意义。第十九条规定涉及通航、渔业水域的，环境保护主管部门在审批环境影响评价文件时，应当征求交通、渔业主管部门的意见。

《农产品质量安全法》第十五条规定县级以上人民政府的农业行政部门可以根据农产品特性和生产区域自然条件等因素设置禁养区。同时在第十八条和第十九条中规定农业用水应当符合国家规定的标准，合理使用化肥、农药、兽药等化工产品，防止产地污染。

2. 法规和规章类

当前我国现行的有关于渔业的法规和规章主要有《中华人民共和国渔业法实施细则》《中华人民共和国水产资源繁殖保护条例》《饲料和饲料添加剂管理条例》《兽药管理条例》《水产苗种管理办法》以及《水产养殖质量安全管理规定》。

全国共有广东、上海、安徽、贵州、福建、天津、辽宁、西藏等 8 个省（自治区、直辖市）在省环境保护地方性法规中规制了水产养殖问题。全国 19 个省（直辖市、自治区）都颁布了地方性的水污染防治条例，其中有 11 个省近年对 17 部水污染防治条例进行了修订或新立，并涉及水产养殖污染问题。

由此可见，在地方性法规中，水产养殖的污染相关的法律规范都散落在各地水污染防治和环境保护的法律规范中。虽然有较多的省份对水产养殖都有涉及，但侧重不同。以重庆为例，在重庆市农业农村委员会中共有 16 个与农村农业相关的地方性法规，其中与水产养殖污染有关的是《重庆市实施〈中华人民共和国渔业法〉办法》和《重庆市水污染防治条例》。《重庆市实施〈中华人民共和国渔业法〉办法》与《渔业法》一致，鼓励发展渔业，不得污染水域。在《重庆市水污染防治条例》中明确了禁养区域的类型，并明确从事会污染水体的养殖活动的法律责任，农业农村部对用污染水体进行养殖活动的养殖户有责令停止和罚款的权利。

3. 标准类

《淡水池塘养殖水排放要求》于 2007 年发布并实施，其将排放养殖废水划分为两个标准。在一级标准适用于地表水的Ⅰ、Ⅱ类区，二级标准适用于地表水的Ⅲ～Ⅴ类区，但一级标准的标准值中生化需氧量的数值是所适用区的 3.3 倍，总磷分别是地表水Ⅰ类水和Ⅱ类水的 25 倍和 5 倍，硫化物是地表水Ⅰ类水和Ⅱ类水 4 倍和 2 倍。同时其二级标准的生化需氧量标准值并不适用于Ⅲ类水，总磷的排放标准值也超过Ⅲ～Ⅴ类地表水的 2.5～5 倍，硫化物分别是Ⅲ类水和Ⅳ类水的 2.5 和 5 倍。由此可见，尽管有一部关于养殖废水排放的标准，但排放标准没有达到所适用水体的水质的要求，即使达标排放也会造成污染，并不能满足当前的渔业发展。

《淡水养殖尾水排放要求（征求意见稿）》于 2018 年由农业农村部发布，该标准扩大了适用范围，明确源头水、国家自然保护区、集中式生活饮用水水源地一级保护区、国家级水产种质资源保护区等区域也列为禁养区，且原有的养殖场要退出，不能退出的养殖尾水不可外排，同时删除生化需氧量、硫化物、总余氯、锌、铜等指标。但此《淡水养殖尾水排放标准》与《渔业法》《水污染防治法》《海洋环境保护法》等法律法规，以及农业部下达的渔业水域环境监测、水质管理的各项管理章程、制度之间没有冲突，在现行的国家强制标准 GB11607—89《渔业水质标准》、GB3097—1997《海水水质标准》、GB3838—2002《地表水环境质量标准》的基础上重点强调悬浮物质、pH、COD、无机氮、活性磷酸盐、铜、锌指标，尤其对海域可能诱发赤潮的营养盐指标。同时标准中的指标对不同地区的不同水质各地方有不同的看法，产生了分歧。如水质较好的地区，如福建、海南、山东等地认为该标准过于宽松，而对于水质较差的天津、上海等地则认为标准过于严苛，以至于水产养殖废水排放标准迟迟无法更新。

4. 规划类

《全国渔业发展第十三个五年规划》于 2017 年 2 月发布，其将水产养殖业的转型升级列为重点任务。与 2011—2015 年的“十二五”规划相比，“十三五”规划更注重于推进生态养殖，发展污染性小、价值性高和有特色的优质品种，同时引导和鼓励清洁生产，并逐步淘汰落后的污染严重的养殖模式和生产方式。2018 年发布的《农业农村污染治理攻坚行动计划》将解决养殖业污染列为主要任务之一，推进水产生态健康养殖，加强水产养殖污染和水生生态保护，并详细列出所需要推进的养殖模式及其他的相关要求，明确各部门的责任。2019 年农业农村部联合十一有关部门发布了《关于加快推进水产养殖业绿色发展的若干意见》。2020 年农业农村部组织实施了水产养殖绿色健康养殖“五大行动”等。

### 1.2.2　水产养殖环境的监管问题分析

2015 年新的《环境保护法》实施以来，传统环境监管正在逐步摆脱地方政府环境监管职能混乱、政策执行过程中权责倒置等一系列的困境。正在向政府主导、企业担责、公众参与的多元化治理模式转变，从传统的单一环境监管模式逐步转变为创新的环境友好型监管模式。

我国现行的渔业法律体系中，与水产养殖环境管理相关的法律法规主要是国家、部委层面的，如《中华人民共和国渔业法》《中华人民共和国环境保护法》《中华人民共和国水污染防治法》《中华人民共和国海洋环境保护法》《水产养殖质量安全管理规定》和《渔业水质标准》等。针对水产养殖的环境污染问题来说，现行主要法律依据《渔业法》侧重于渔业资源规范管理与保护，水产养殖现场违法取证困难，违法行为执法难、处罚难。同时，水产养殖相关标准体系有待进一步完善，具体执行过程存在一定的困难。当前我国水产养殖标准主要有《渔业水质标准》（GB11607—89）和《淡水池塘养殖水排放要求》（SC/T9101—2007），其中渔业水质标准未将化学需氧量、氨氮、总磷等常规指标均纳入其中。淡水池塘养殖水排放要求属于行业推荐标准，随着水产养殖业快速发展，已不能满足当前生态环境保护对水产养殖行业的管理要求。我国国土面积辽阔，养殖区域分布比较零散，养殖环境监管难度极大，在执行一些国家综合污水排放标准和行业污水排放标准时效果欠佳。

我国针对水环境行政管理实行的是统一监督管理和部门分工监督管理相结合的体制。其中，生态环境部对全国环境保护工作进行统一的监督和管理，县级以上地方政府环境保护行政主管部门对辖区内的环境工作实行统一监督管理。然而，实际工作中存在各职能部门职责不清晰、分工不够明确等问题，一旦出现水产养殖的环境污染问题之后，责任归咎不清，使得监管工作难见成效。

### 1.2.3　我国水产养殖环境监管措施与建议

有学者系统研究了我国水产养殖环境监管制度与措施后，提出水产品及相关管理部门需划分监管职权，做到监督和管理分工明确。生态环境部门进一步改进监管措施、提升监管的强度、加大监管范围。对于违反规定者，不论是企业还是个人，都应当予以一定的惩治措施。环境监管措施的制定应以环境友好为前提，形成良好的水产养殖环境监管模式。

1. 逐步建立养殖许可和环评备案登记制度

（1）加强生产设施用地审批和环评制度。一般的畜禽养殖户欲从事畜禽养殖，均需办理生产设施用地审批手续，签订土地协议，并向土地、农业主管部门备案。从选址到最终生产管理的整个过程都要经过国家规划局批准并进行环境影响评价，得出对周围环境造成影响的可能性影响结果，再建设污染防治设施。因此，建议水产养殖业也应该纳入相关制度管理。

（2）加快实施水产养殖许可证制度。对 30 亩（1 亩=666.7 $m^2$）以上规模化水产养殖依法进行环境影响评价备案登记，将环境影响评价备案登记作为办理水产养殖许可证的前置条件。从源头上对水产养殖业的范围、规模和人员进行控制是实施水产养殖业许可制度的主要目的。这需要政府成立相应的管理部门，对特定区域进行全面的水产养殖审核，明确该区域可以养殖的数量、规模以及可采用的养殖方式。

（3）加强对水产养殖技术人员的考核。加强对水产养殖技术和设备的审核，对其环境保护措施的可行性进行评价，只有通过了考核的才能颁发许可证，并明确其环境责任。疏堵结合，确立许可养殖的法律地位，对于无证养殖的进行逐步责令整改或取缔关停。

（4）加强对非法养殖的管理。督促限期改正，不改正就及时取缔，加强各监管部门合作，有效加强水环境治理。只有这样，我们才能从源头上更加有效地防治污染。

2. 水产养殖环境保护社会化监管机制

（1）为社会化监管提供法律保障体系。1979 年我国颁布的《中华人民共和国环境保护法（试行）》就最早提出一切单位和个人都有保护环境的义务，并有权对污染、破坏环境的单位和个人进行检举和控告相关规定，这就从法律上充分赋予了公众参与环境监督的权利。2003 年起施行的《环境影响评价法》，首次通过立法的形式确立了中国公民的环境权益，规定直接涉及公众环境权益的建设项目，要求有关单位、专家和公众对环境影响报告草案进行公示公开，从而为公众参与环境决策并依法维护自身合法环境权益奠定了更为明确的法律基础。于 2015 年 1 月 1 日起正式施行的《中华人民共和国环境保护法》在环境保护基本理念、公众参与、法律责任等方面都做出了重要修改，引入了按日连续罚款、查封扣押、限产停产、行政拘留、公益诉讼等措施，被称为“史上最严”的环境保护法。其第五十三条明确提出公民、法人和其他组织依法享有获取环境信息、参与和监督环境保护的权利，各级人民政府环境保护主管部门和其他负有环境保护监督管理职责的部门，应当依法公开环境信息、完善公众参与程序，为公民、法人和其他组织参与和监督环境保护提供便利。

（2）建立公众参与的相应保障机制。目前公众参与缺乏必要的程序性保障机制，使公众参与流于形式，以至于公众不信任公开的环境信息，社会可接受性不强。现存法律中对公众参与环境监管的方式、权利、途径等规定还不具体，公众无法及时参与。因此，建立相应的保障机制，提供水产养殖环境污染举报投诉的合法渠道，宣传和鼓励社会公众监督，规范事中事后监管，加强日常巡查，创造良好公平的竞争环境。

（3）为强化公众参与力度和广度。进一步发挥公众环境监督权、知情权、参与权，还需建立水产养殖环境保护社会化监管机制。《关于加快推进生态文明建设的意见》（2015 年）在鼓励公众积极参与条款中明确提出要保障公民的知情权、监督救济权以及参与权。2015 年，环境保护部亦发布了《环境保护公众参与办法》，确立了包含便利、自愿、有序、依法的公众参与原则。该办法列举了公众参与的具体方式，规定的虽然较为笼统，但还是在一定程度上推动了公众参与制度的发展。在《生态文明体制改革总体方案》中提出要完善公众参与制度中社会力量参与、监督作用。2017 年十九大报告中提出要构建包括公众共同参与的环境治理体系。生态环境部出台《环境影响评价公众参与办法》（2018 年），进一步努力弥补了公众参与制原则化、广泛化的问题。

3. 建设智能农业水产养殖环境监控

在信息技术飞速发展的今天，水产养殖业也可以借助信息技术来帮助其发展甚至转型。水产品对于水体环境有很高的要求，主要包括温度、酸碱度、溶解氧、透明度这四大基本要求。信息技术的利用不但可以减少人力的使用，还能更加精确地随时掌握养殖场的水质动态变化。利用水质传感器可以监测水中氨氮含量、溴离子、镉离子等其他很多离子含量；可以监测水温、水位、水流量、溶解氧、pH、电导率、亚硝酸盐、硫化物；可以在线监测养殖区域水体质量；可以有效监控养殖废水中的污染物浓度。应用疾病远程检测预警系统可以有效进行水产品疾病的预防和诊断，提升水产的养殖质量。在农业水产养殖区建设智能监控系统，无论是对养殖区内本身的水体环境还是养殖区周围的自然环境都能有一个很有效的监控及预警作用。

2017年底，作为西藏自治区农业信息化典型，西藏高原单元式循环水产养殖模式以沙盘形式在首届全国“互联网+”现代农业新技术和新农民创业创新博览会上展出，引起广泛关注。高原单元式循环水产养殖系统是由第八批援藏干部联合西藏自治区水产科学研究所共同研发的，在拉萨已经组装调试运行成功。它于系统内置在线监测和控制部分，可实时传输养殖状态，进而为专家智库提供全面的养殖信息，有助于为解决养殖过程中存在的问题提供精确的可行性解决方案。据介绍，这组现代渔业设施集太阳辐射直接电化学杀菌、复合增氧、风送式自动投饵、水质在线智能监测等功能为一体，为高原鱼菜共养系统提供精确养殖技术，降低了人力成本，对西藏开展农牧渔精准扶贫和农民致富提供了强有力的技术支撑。

综上可见，加快水产养殖标准化进程，推广环境友好型技术和设备，实现智能化是水产养殖绿色发展的关键路径。对于大规模的水产养殖场，建立水产养殖智能监管平台系统，支持监控画面同步传输至智能监管平台，可以实现养殖环节的动态监管和智能控制，实现水产规模化养殖场废水排放连续在线监测，真正实现水产养殖环境的全天候无死角监管。

4. 开展水产养殖产业卫星遥感监测调查

遥感是20世纪60年代兴起的一种探测技术，是根据电磁波的理论，应用各种传感仪器对远距离目标所辐射和反射的电磁波信息，进行收集、处理、并最后成像，从而对地面各种景物进行探测和识别的一种综合技术。在水产养殖中应用卫星遥感技术主要是对养殖区域性信息进行实时的采集和传递，例如养殖面积和养殖密度，可节省一定的人力资源。具体工作步骤如下：

（1）利用卫星遥感数据和地理信息数据，通过卫星遥感数据的目视解译，按区县开展水塘、湖库等类型的水产养殖监测调查。

（2）以卫星遥感解译数据为基础，开展水产养殖产业区的随机核查和分类核查，修正卫星遥感解译结果。以修正后的卫星遥感解译为基础，叠加全市区县及乡镇行政区划矢量图，制作全市及各区县的水产养殖专题图。

（3）对各乡镇的水产养殖区的类型、数量、面积、地理位置等进行分类统计，制作各区县的水产养殖空间信息台账。

卫星遥感数据覆盖面积大、实时性强、可周期性获取，基于卫星遥感数据结合地理信息技术，可快速获取全市水产养殖产业的地理信息，能从宏观尺度上把握全市水产养殖产业的空间分布及生态化改造动态变化，可为水产养殖污染监管和相关决策提供科学依据。

例如：北太平洋鱿鱼渔场远离祖国大陆，陆基遥感卫星接收站无法直接接收、获取远洋区的海洋环境信息，我国东海水产研究所项目组的研究人员就在渔船上安装船基遥感卫星接收站，并采用卫星通信技术获取渔场附近海域的渔况和海况信息，掌握了北太平洋鱿鱼的资源变化和渔场分布规律。利用卫星遥感系统、地理信息系统等信息技术平台，综合海洋水温、水色等信息，最终建立起了具有我国自主知识产权的首套远洋渔场预报服务系统，有力地促进了我国北太平洋渔场鱿鱼生产规模的不断扩大和鱿鱼捕捞产量的提高。

#### 5. 建立农业农村生态环境管理信息平台

通过云服务计算机搭建综合信息平台，构建科学有效的水产养殖环境管理系统，将分散的各水产养殖环境数据进行整合储存，方便环境监管部门以及农业发展者实时调取需求信息，对水产养殖的水体环境进行系统分析和实地调研以及精准管理。也为各管理部门联合、交叉工作提供便利。能够科学有效地防治水污染，减少水产养殖过程中造成的污染物泄露和扩散。如今全国各地在农业农村生态环境方面都没有一个完善、高效的信息管理平台，以至于农村农业信息化程度较低，资源利用效率也很低。因此，建立农业农村生态环境综合信息管理平台在未来是必然趋势。

综上可见，近年来我国越来越重视发展绿色水产养殖，不断推广生态健康养殖模式、养殖尾水高效处理模式及其他相关整治行动，不断完善水产养殖的各种保障措施。正在持续有效地改善环保部门对水产养殖的环境问题不够重视、监管体制不够健全、监管力量比较薄弱、监管技术不够先进、公众环保意识不强和参与度不强的诸多问题。

# 第二章　水环境污染对两栖类的影响效应

世界范围内两栖类动物种群数目减少，畸形个体大量增加的现象引起生态学家、环保主义者和政府管理部门的高度重视。寄生虫、细菌和真菌感染、栖息地数量减少和质量下降、气候的变化、化学污染物等都可能损害两栖类动物的适应能力，但又都不能完全解释所有的异常，有关两栖类的室内毒性试验和野外调查的文献报道日益增多。两栖类动物在食物链中具有水陆两栖的独特地位，其生活周期比较复杂，幼体生长速度快，卵、鳃和皮肤具有渗透性，污染物能在其体内富集和放大，这些特性使其成为监测环境污染的前哨物种。其中非洲爪蟾作为发育生物学模式生物，其生长发育、形态发生、生殖生理等多方面的基础知识已有大量的积累。近年来，水环境污染对两栖类的影响效应研究越来越深入。

## 2.1　国内外研究现状与主要问题

环境污染、生境质量下降、捕杀、疾病感染等因素均能导致两栖类个体死亡率的增加。两栖类出生率的降低和死亡率的升高是其种群数量下降的直接原因。诸多研究报道显示环境污染等因素可引发两栖类的群体性死亡和种群的衰退。其中环境污染对两栖类新生个体的负面作用对其整个种群的动态变化有着极为重大的影响，两栖类新生个体长期生活在水中，与成体相比接触污染物的机会更大更持久，且对各种污染物的耐受性较成体低，更容易遭受到不可逆的遗传损伤。同时，能够影响两栖类成体正常生活的环境因素基本上都能够影响到其新生个体，反之则不尽然。具有遗传毒性的环境污染物和激素类污染物能够对长期暴露其中的两栖类成体造成不可见的遗传损伤，进一步影响到两栖类的繁殖能力。

### 2.1.1 国内外研究进展

两栖类长期生活在水体当中，由于其皮肤裸露且渗透性强，极其容易遭受水体和底泥中环境污染因子不可逆的遗传损伤。即使在较低的污染水平下也能很快表现出受害症状，尤其是免疫系统尚不完善的新生个体。低剂量有害污染物便可强烈刺激其肠道、呼吸和中枢神经系统、肝肾等解毒器官，改变肠道微生物群落结构、肌肉总 ATP 和乙酰胆碱酯酶活性，影响其摄食、避敌、繁殖或其他行为。国内外关于水污染对两栖类的遗传毒性效应研究比较全面，技术成熟，简要综述如下：

（1）影响繁殖策略和生殖投入。使两栖类生殖投入提高，能耗增加，持久的慢性毒害作用会逐渐降低其生殖能力，改变其繁殖对策和生殖投入。从生物进化角度来说，生物体最重要的使命是传递基因，繁殖后代，而不是克服由污染造成的不利条件，如机体排毒等，因此繁殖季节其抵抗污染物的能力会有所下降，造成恶性循环。

综上可见，近年来由于环境污染问题而引发的两栖类种群数量下降现象日益明显。因此越来越被国内外学者所关注，特别是对两栖类幼体的影响研究方面。然而目前，此类报道多以室内染毒实验为主，集中于某一类型或某一种具体的污染物对两栖类的生殖毒性研究。而在野外自然环境中，往往是多种污染物复合污染，且体现为长期积累的慢性毒性作用，这是与室内实验最大的不同之处。

（2）影响性腺分化和繁殖行为。污染物通过扰乱两栖类控制繁殖的激素系统或激素水平来影响两栖类个体的性腺分化和性别逆转；导致其性腺发育不完整或出现间性个体；过早的性成熟致使两栖类幼体快速蜕变而体格偏小，从而扰乱两栖类的求偶、抱对行为，导致繁殖季节两栖类产卵总量减少。

（3）影响胚胎和个体发育。污染物也可直接被机体吸收进入胚胎富集；损害胚胎正常发育，降低卵孵化率；或致蝌蚪体格发育不良，变态不完全、延迟或停止，幼体畸形率升高；从而导致其反应迟缓，捕食和避敌能力下降，增加了死亡风险。

（4）造成组织和遗传物质损伤。污染物可通过食物链富集和代谢作用进入机体并在组织器官中大量累积；影响肝脏、肾脏和生殖腺的抗氧化能力；导致生精细胞损伤和睾丸细胞凋亡；攻击遗传物质，使其DNA断裂或错配而发生遗传突变和细胞凋亡；影响精子的质膜结构，运动性和顶体反应；降低两栖类精子活力和运动能力，增加精子畸形率，影响生殖细胞的成熟，降低受精率。

### 2.1.2 存在的主要问题

伴随着利用两栖类动物指示生物来监测水体质量的广泛应用，国内开展了不少关于两栖动物生态毒理研究的工作，并取得了一些成果。但关于污染物对两栖类动物的生态毒性效应研究的科学数据还非常有限。大概存在以下几个问题：

（1）标准化的问题。所选择两栖类动物生活于一定生态系统环境中，除了受到污染物影响外，同时还受到气候、季节、地域、土壤等其他的因素影响，需要建立标准化方法体系。

（2）系统性的问题。国外对化学品的评价两栖类动物生态的毒理研究大都选用本地种属进行评价，我国这方面缺乏一家研究机构或单位能提供本土的两栖类动物的模式生物，主要原因在于对本土的两栖类动物种，生物学的背景资料不够全面，缺少系统性的研究。

（3）关于两栖类动物野外生态的毒理研究存在严重不足。国外有关化学品对于两栖类动物的生态风险的评价有一套比较完整体系，并且开展了大量野外生态的毒理调查，国内在这方面的技术力量较为薄弱，很少开展这方面研究。

（4）环境低浓度分子的毒理学试验的方法研究和应用比较缺乏。目前，化学品以及农药可以通过种种渠道（食物、药物、空气或饮用水）以相当低剂量进入两栖类栖息地。因此需要寻找更为敏感的试验终点，以来检测低剂量条件下两栖类动物的细微生态毒性效应。

（5）低剂量的混合污染物对于两栖动物研究，处于空白，因此无法从分子方面阐释污染物和两栖类动物机体之间相互作用的规律。

## 2.2 两栖类栖息地介绍

为了凸显环境污染因子对两栖类的毒性效应，本章选择某矿区周边的湿地为研究样地，选择某国家自然保护区湿地为对照样地，对栖息地环境污染因子进行了筛查分析。

在每个采样点采集水样 3 份装于 250 mL 聚四氟乙烯塑料瓶，一份新鲜样品不作处理，一份用浓硝酸酸化使 pH<2，另一份用氢氧化钠调节使 pH 在 7～9 之间，采样后对样品进行编号。水样采集后，放在冷暗条件下保存，并尽快置于 4℃ 冷藏。取水样的塑料瓶进行了严格的密封并固定，避免在运输中破损，并且运输水样的条件也严格要求，首先在低温、避免日光照射和防震的条件下运输，其次还要防止新的污染物进入容器内污染瓶口。采样完成后，贴上样品标签。标签内容包括：样品编号、采样点、采样日期。

参照水质检测 GB/T 14848—2017 矿区栖息地湿地水水质标准及该地区污染特征，分析了矿区栖息地湿地水中包括 $Cl^-$、$SO_4^{2-}$、$Na^+$、$K^+$、$Mg^{2+}$、$Ca^{2+}$、Th、高锰酸盐指数、Se、TDS、Mn、Co、Ni、Cu、Zn、Cd、Pb 和 Mo 等十八种污染物。交由核工业北京地质研究院进行测定。

按照 GB/T 14848—2017《矿区栖息地湿地水质量标准》，参评项目为导致矿区栖息地湿地水水质变异的主要污染因子，采用内梅罗指数评价法计算 $F$（NCI）值。

### 2.2.1 主要常见离子

矿区栖息地湿地水中分布最广、含量比较多的离子有 $Cl^-$、$SO_4^{2-}$、$Na^+$、$K^+$、$Mg^{2+}$、$Ca^{2+}$、$HCO_3^-$ 构成这些离子的元素，或者是地壳中含量较高而且比较易溶于水的（$Na^+$、$K^+$、$Mg^{2+}$、$Ca^{2+}$），或者是地壳中含量虽不大，但极易溶于水的（$Cl^-$、$SO_4^{2-}$）。在一般情况下，随着溶解性总固体（TDS）变化，矿区栖息地湿地水的主要离子成分也会随之变化。为确定调查区栖息地湿地水中主要的离子成分的污染情况，本次实验对矿区栖息地湿地水主要常见离子采样调查，最终采样检测结果情况如下表 2-1 所示。

表 2-1　主要离子调查结果表（单位：mg/L）

| 采样点 | 矿区栖息地 | 保护区栖息地 | Ⅲ级标准 |
|---|---|---|---|
| $Cl^-$ | 495±189.55 | 32.87±15.71 | 250 |
| $SQ_4^{2-}$ | 1343.67±1003.86 | 12.21±8.43 | 250 |
| $Na^+$ | 401.33±138.86 | 78.10±21.85 | 200 |
| $K^+$ | 17.54±1.78 | 11.32 | — |
| $Mg^{2+}$ | 180.67±79.00 | 45.10±10.45 | — |
| $Ca^{2+}$ | 296.00±213.20 | 21.377±6.50 | — |
| $HCO_3^-$ | 341.33±176.90 | 466.33±86.43 | — |
| 氨氮 | 8.734±4.914 | 0.753±0.832 | 0.5 |
| 总硬度 | 1623.67±971.71 | 257.33±35.85 | 450 |
| TDS | 3386.67±1875.56 | 502.67±68.54 | 1000 |
| 亚硝酸盐 | 0.01±0.01 | 0.00±0.00 | 1 |

根据数据分析得出矿区栖息地湿地水中超标离子有 $Cl^-$、$SQ_4^{2-}$、$Na^+$、TDS、水的总硬度、氨氮，其中氨氮超出国家地表水Ⅲ级标准 16 倍，矿区栖息地中 $SQ_4^{2-}$、$Na^+$、总硬度、TDS 均比保护区高出几倍，由此可见，主要超标离子为 $SQ_4^{2-}$、氨氮、水的总硬度和 TDS。

### 2.2.2　稀土元素

稀土元素是镧系元素及稀土类元素群的总称，包含钪（Sc）、钇（Y）及镧系中的轻稀土镧（La）、铈（Ce）、镨（Pr）、钕（Nd）、钷（Pm）、钐（Sm）、铕（Eu），重稀土钆（Gd）、铽（Tb）、镝（Dy）、钬（Ho）、铒（Er）、铥（Tm）、镱（Yb）、镥（Lu）共 17 种元素。稀土元素（REE）因其相似而又具有系统差异的化学性质，被广泛用于许多地球科学研究领域中的物质来源和演化过程的示踪研究。由于稀土元素的这种一致性行为，加上它们对 pH、Eh 值、吸附-解吸反应等具有的敏感性，它们在水文地球化学研究中是非常有用的。正因为具有这种一致性，发生在潜水层中任何可以预见行为的异常都能得到非常有用的信息。

表 2-2　稀土元素含量调查结果表（单位：μg/L）

| 采样点 | 矿区栖息地 | 保护区栖息地 | 采样点 | 矿区栖息地 | 保护区栖息地 |
|---|---|---|---|---|---|
| La | 0.718±0.622 | 0.059±0.027 | Tb | 0.014±0.008 | 0.003±0.001 |
| Ce | 1.688±1.481 | 0.180±0.100 | Dy | 0.046±0.034 | 0.011±0.006 |
| Pr | 0.193±0.171 | 0.022±0.012 | Ho | 0.008±0.006 | 0.003±0.001 |
| Nd | 0.703±0.630 | 0.077±0.046 | Er | 0.028±0.020 | 0.005±0.002 |
| Sm | 0.114±0.083 | 0.021±0.007 | Tm | 0.005±0.002 | 0.002±0.000 |
| Eu | 0.027±0.017 | 0.037±0.022 | Yb | 0.025±0.013 | 0.006±0.004 |
| Gd | 0.092±0.071 | 0.019±0.006 | Lu | 0.005±0.002 | 0.003±0.001 |
| ∑REE | 3.666±3.138 | 0.447±0.169 | | | |

由稀土元素含量调查结果表 2-2 可以看出保护区栖息地稀土元素含量偏低，矿区栖息地湿地水中 Ce、La、Nd 的含量较大，通过对稀土元素的含量分布情况的分析，进一步研究稀土元素与其他栖息地水中元素的影响，研究了稀土元素与其他元素的相关性分析。

### 2.2.3　微量元素

人体是通过呼吸、饮水和食物连同自然界进行物质交换的。对于水中所含有的微量元素的重要性不可低估。饮水中微量元素含量会直接影响人体健康，国内外虽有一些研究，但对矿区栖息地湿地水中的微量元素含量研究比较少，微量元素又分为三类：必需微量元素、非必需微量元素和有害元素三类。到目前为止，已被公认的必需微量元素有 14 种，即铁（Fe）、铜（Cu）、锌（Zn）、钴（Co）、钼（Mo）、锰（Mn）、铬（Cr）、钒（V）、锡（Sn）、硅（Si）、硒（Se）、碘（I）、氟（F）、镍（Ni）等。而对人体健康明显有害的，主要是一些毒性很强的元素，如铍（Be）、镉

（Cd）、汞（Hg）、铅（Pb）、砷（As）、铊（Te）、锑（Sb）、碲（Te）等。微量元素虽然含量较少，但是对人体健康及生态环境都起到很重要的作用，为此本节对矿区栖息地湿地水的微量元素 Sb、Cs、Ba、W、Tl、Pb、Bi、Th、U、Sr、In、Zr、Hf、Si、Al、B、Li、Be、Se、Ti、V、Mn、Cr、Co、Ni、Cu、Zn、Ga、Rb 进行了监测与分析。

针对表 2-3 微量元素调查，由调查结果发现整体微量元素测量值数值较大的有 Li、Se、Mn、Zn、Mo，其他微量元素测量数值较低。总结出主要超标离子为 Se、Mn、Zn，其中针对微量元素 Mn 的超标应该引起高度重视，Mn 在矿区栖息地湿地水质量标准Ⅲ级标准为 100 μg/L，可见 Mn 的超标较为严重。锰超标会造成锰中毒，早期表现为疲倦乏力、头昏以及头痛、记忆力减退；晚期重症又可出现面具样面容、肌肉僵直、肌张力增高；尤其是出现明显的肢体震颤、书写困难，字越写越小（又称“小字症”）。

表 2-3　微量元素调查表（单位：μg/L）

| 采样点 | 矿区栖息地 | 保护区栖息地 | Ⅲ标准 | 采样点 | 矿区栖息地 | 保护区栖息地 | Ⅲ标准 |
|---|---|---|---|---|---|---|---|
| Tl | 0.004±0.001 | 0.008±0.002 | 0.1 | Cr | 1.930±0.727 | 0.266±0.224 | 50 |
| Pb | 0.792±0.181 | 0.448±0.175 | 50 | Co | 3.293±0.315 | 1.020±0.393 | 1000 |
| Bi | 0.033±0.013 | 0.035±0.028 | — | Ni | 3.133±0.281 | 2.600±1.403 | 20 |
| Th | 0.004±0.002 | 0.003±0.001 | — | Cu | 2.000±0.531 | 0.296±0.250 | 1000 |
| Li | 103.667±121.441 | 32.833±8.053 | 1000 | Zn | 2087.667±1495.447 | 377.067±274.697 | 1000 |
| Be | 0.010±0.007 | 0.004±0.002 | 2 | Ga | 0.052±0.026 | 0.026±0.013 | — |
| Se | 10.143±2.329 | 5.840±0.930 | 10 | Rb | 1.362±0.658 | 0.956±0.365 | — |
| Ti | 3.570±1.044 | 0.533±0.460 | 100 | Nb | 0.005±0.002 | 0.005±0.003 | — |
| V | 2.407±1.311 | 1.098±0.438 | 50 | Mo | 11.813±10.930 | 1.4351±2.172 | 70 |
| Mn | 914.667±576.007 | 135.533±78.945 | 100 | Cd | 0.107±0.053 | 0.063±0.033 | 5 |

对于矿区栖息地湿地水中 Mn 在后期治理上加大力度。Zn 在湿地水

Ⅲ类标准为 1000 μg/L，而矿区栖息地中 Zn 的含量为 2087 μg/L，超出国家标准两倍多，对比保护区栖息地，矿区栖息地严重危害健康，急性中毒时因锌在体内急剧升高而引起急性肾功能衰竭，甚至因锌中毒而出现脱水，导致休克。矿区栖息地湿地水中的微量元素常常以共存或以多种元素结合的形式存在，他们之间存在着一定的相关关系，当受到环境污染时，相关关系可能发生改变，所以，对于水质动态检测的结果进行指标间的相关分析，有助于了解水质的污染变化情况。

## 2.3 对两栖类繁殖能力和个体发育的影响

本节以花背蟾蜍为例介绍栖息地复合环境因子对两栖类生长发育和繁殖的影响效应。花背蟾蜍（*Bufo raddei*），两栖纲，无尾目的蟾蜍科，广泛的分布在青海和北方多个省，白天生活洞内，黄昏出去觅食。体长约 60 mm，最长可达到 80 mm。头宽一般大于头长；吻棱端圆，吻棱明显；鼻孔略近于吻端；颊部大都向外倾斜但无凹陷；鼻间距一般小于眼间距以及上眼睑的宽；鼓膜圆形，略小于眼半径的一半。前肢粗短，指细，指端尖圆，深褐色。第一、二指几乎是等长，第四指短，末端仅达到第三指的远端的第二关个节下瘤；第二、三指具有缘膜；关节下有单个瘤，内掌突小，外掌突大且圆，后肢短，左右跟部但不相遇；足比胫长；趾端较尖，深褐色；趾侧都具缘膜，基部互相连成半蹼；关节下瘤较小；内跖突大，外跖突小。

花背蟾蜍对于环境适应能力比较强，在海拔 3300 m 以下的各环境中，如农田、森林或荒漠边缘、山脉或河湖岸边都有他们的活动踪迹。白天隐匿于农作物、草丛下、石块下以及土洞内，黄昏后出外活动。但是，在产卵的季节，它们昼夜都处于活动状态。产卵期在 4 ~ 5 月，6 月也存在少数抱对产卵个体，产卵时间在全国各地区有差异。卵带一般是挂在水塘、水坑边水草或漂浮水面的枯枝和烂叶下。蝌蚪大多群集于岸边的水草间的腐殖质较丰富的地方。6 月下旬，逐渐出现变态完成的幼蟾。

图 2-1　花背蟾蜍（左图为雄性，右图为雌性）

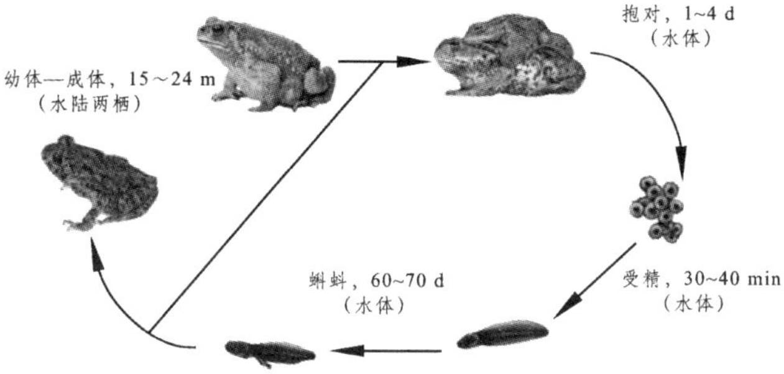


图 2-2　花背蟾蜍生活史示意图

### 2.3.1　繁殖能力

花背蟾蜍一般在抱对后 24 h 内完成产卵和受精。如果受到外界干扰，抱对行为可持续 3 ~ 4 d 左右，无法完成产卵受精抱对就会分开。在蟾蜍产卵后跟踪观察并记录第一批卵带数量作为统计两样地抱对率的依据，这个数据统计有所偏差，但基本上可以反映两地蟾蜍抱对率的差异。矿区栖息地湿地中的花背蟾蜍抱对率和受精率都要低于保护区栖息地湿地。

表 2-4　两样地花背蟾蜍产卵量和孵化率统计

| 采样地点 | 抱对率 | 受精率 | 单卵带卵粒数量 | 孵化率/% |
|---|---|---|---|---|
| 矿区栖息地湿地 | 67.24% | 95.86% | 5298±803** | 96.88±0.85 |
| 保护区栖息地湿地 | 78.65% | 98.98% | 3421±295 | 97.90±0.73 |

注：*表示矿区栖息地和保护区栖息地两样地相比，$^{**}P < 0.01$。

精子相对于卵细胞而言，没有卵膜或其他附属物质保护，因此，精子对于外界环境中的污染物反应敏感，诸多污染物都能降低精子活力，从而导致受精率和受精卵质量下降，受精卵的孵化率也随之降低。矿区栖息地湿地中蟾蜍产卵量要显著高于保护区栖息地湿地，推测可能与矿区栖息地湿地中某些类激素污染物有一定关系，但尚未明确，还需进一步的研究证实。

### 2.3.2　种群密度

两栖类种群生态学调查从每年出蛰开始，至繁殖活动结束为止。在研究样地上设置调查样方。选择天气情况良好的白天观察蟾蜍求偶、抱对及产卵，同时通过背部色斑、婚垫及是否鸣叫等雄性的第二性征辨别雌雄，捕捉雌雄蟾蜍测量其体重、体长，统计两个样地的种群密度和雌雄比例，并计算抱对率，收集卵带对受精率进行统计。

1. 产卵量和孵化率统计

待蟾蜍产完卵后，在野外使用白板或者白瓷盘置于卵带下方拍照记录，统计每条完整卵带的卵粒数，即产卵量。定时观察卵带发育情况，用已孵化完的一个完整的卵带中的孵化出蝌蚪的数量来计算孵化率。具体方法是：将用已孵化完的一个完整的卵带轻轻放置于白色托盘中，并照相，回到实验室在相片中数未孵化的数量（即黑色的代表未受精的，灰色的代表受精失败的）即可。

蝌蚪的孵化率=未孵化的数量/卵粒总数×100%。

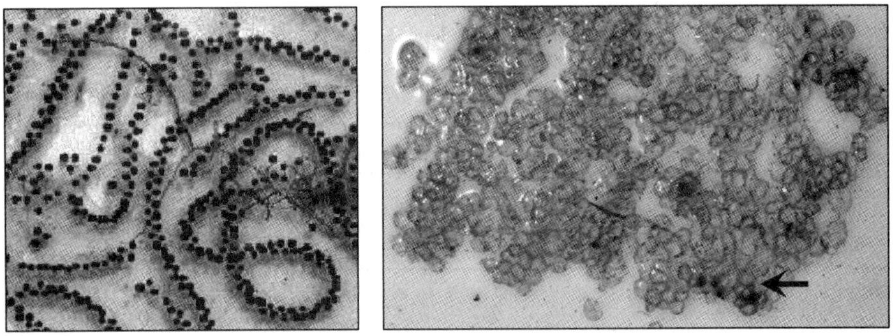

注：箭头所指黑点为孵化失败的卵粒

图 2-3　蟾蜍卵带（左）和孵化后的空卵泡（右）

2. 蟾蜍种群密度

在矿区栖息地和保护区栖息地湿地各设置三个统计样地，面积均为 10 000 $m^2$。五个人缓慢走过，以惊扰的方式梳理统计花背蟾蜍成体数量，于各样地分别随机抓取 200 只花背蟾蜍，识别雌雄，全部统计后原地放生。

统计结果显示矿区栖息地湿地花背蟾蜍种群密度为 0.012 只/$m^2$，保护区栖息地湿地为 0.038 只/$m^2$。矿区栖息地湿地花背蟾蜍的雌雄性别比例为 0.681，而保护区栖息地湿地中为 0.939。可见矿区栖息地湿地水环境污染对花背蟾蜍种群数量和性别比例具有一定的毒性影响，对矿区栖息地湿地蟾蜍数量较低与较低的性别比例也有一定的关系。

3. 蝌蚪密度及各期比例

从蟾蜍产卵开始，在四个不同的生长期统计了蝌蚪密度，结果显示矿区栖息地湿地中蝌蚪密度显著低于保护区栖息地湿地（$P<0.01$），矿区栖息地湿地的蝌蚪密度仅约为保护区栖息地湿地的 3.57%。矿区栖息地湿地蝌蚪发育相对保护区栖息地湿地较晚，五月中旬矿区栖息地湿地蝌蚪只有 21 ~ 23 期，而保护区栖息地湿地蝌蚪已有 26 ~ 27 期。随着蝌蚪的变态和发育，到六月上旬时，保护区栖息地湿地蝌蚪已是 38 ~ 39 期占很大百分比，而矿区栖息地湿地中的蝌蚪发育到 38 ~ 39 期的只占 10%。推测矿区栖息地湿地中的环境污染物对蝌蚪的生长发育有一定的抑制作用。

### 2.3.3 体格发育

通过背部色斑、婚垫及是否鸣叫等雄性的第二性征辨别雌雄，选择 3 龄的雌雄蟾蜍各 12 只测量其体长体重，解剖后测量计算雄性生殖腺指数。结果显示：矿区栖息地和保护区栖息地湿地中，花背蟾蜍平均体重分别为 27.25±3.04 g 和 15.92±2.35 g；平均体长分别为 6.767±0.535 mm 和 5.39 ±0.318 mm；雄性生殖腺指数分别为 0.41±0.11 和 0.55±0.05。上述三个指标在两地间的差异均为显著（$P<0.05$）。

对矿区栖息地湿地和保护区栖息地湿地各期蝌蚪的形态学指标进行了测量，包括：体重、全长、体长、尾长和体宽等。其中尾长和全长低于保护区栖息地湿地，而体宽大于保护区栖息地湿地，矿区栖息地湿地的蝌蚪肥满度较高。

表 2-5　两样地各期蝌蚪体重、全长、体长、尾长和体宽

| 样地 | 期 | 体重/g | 全长/mm | 体长/mm | 尾长/mm | 体宽/mm |
|---|---|---|---|---|---|---|
| 矿区栖息地 | 26 | 0.14±0.06 | 20.2±2.71 | 7.25±0.89 | 13.01±2.19 | 4.55±0.45 |
| | 27 | 0.22±0.08 | 24.73±1.89 | 9.09±0.79 | 15.64±1.19 | 5.50±0.48 |
| | 28 | 0.48±0.11* | 27.67±1.25 | 12.67±0.47 | 15.67±0.47* | 7.00±0.04 |
| | 29 | 0.57±0.09* | 28.32±1.56 | 11.86±0.96 | 16.46±1.06* | 7.02±0.34 |
| | 30 | 0.62±0.29* | 32.08±2.34 | 12.34±1.24 | 19.74±0.56 | 7.48±0.32 |
| | 31 | 0.93±0.58* | 36.60±2.34* | 16.30±0.80* | 20.30±2.35 | 8.24±0.30 |
| | 32 | 1.14±0.89* | 41.30±1.30* | 17.12±0.98* | 24.18±1.09 | 9.80±0.10 |
| | 33～35 | 1.56±0.06* | 43.32±3.24 | 19.30±1.36 | 30.05±1.89* | 10.41±0.34 |
| | 36～37 | 1.10±0.03* | 35.56±3.16* | 18.38±1.98 | 17.18±2.08 | 8.90±0.24 |
| | 38～39 | 0.74±0.03 | 18.50±1.60* | 16.90±1.58* | 1.60±0.09 | 6.31±0.15 |
| 保护区栖息地 | 26 | 0.12±0.08 | 18.44±2.88 | 6.67±1.15 | 11.78±2.06 | 4.38±0.70 |
| | 27 | 0.22±0.09 | 25.18±1.31 | 9.23±1.01 | 15.86±0.65 | 5.50±0.35 |
| | 28 | 0.29±0.01 | 29.60±1.56 | 11.35±0.63 | 18.35±1.18 | 6.60±0.37 |
| | 29 | 0.35±0.05 | 29.83±1.73 | 11.67±0.53 | 18.17±1.39 | 6.89±0.21 |
| | 30 | 0.46±0.02 | 32.17±1.96 | 12.17±0.34 | 20.00±1.84 | 7.23±0.26 |
| | 31 | 0.71±0.04 | 38.85±1.15 | 13.90±0.79 | 24.95±0.45 | 8.00±0.10 |
| | 32 | 0.97±0.09 | 43.50±0.10 | 15.00±0.10 | 28.50±0.49 | 9.50±0.10 |
| | 33～35 | 1.30±0.05 | 41.76±4.11 | 16.45±1.42 | 25.31±3.25 | 10.10±0.13 |
| | 36～37 | 0.99±0.07 | 34.95±2.46 | 17.50±1.98 | 16.70±2.12 | 8.56±0.06 |
| | 38～39 | 0.68±0.01 | 17.00±2.92 | 15.50±2.69 | 1.50±1.66 | 6.06±0.07 |

注：*表示各期蝌蚪在两样地间相比，*$P<0.05$。

## 2.4　对两栖类器官组织发育的影响

使用双毁髓法处死蟾蜍，将蟾蜍正面放置在解剖盘上，压住蟾蜍以

防其乱动，拇指与食指按住蟾蜍吻端使其头部上下活动，用毁髓针沿着蟾蜍头背部中间部分向下移动，直到一个凹陷处，这就是枕骨大孔。随后用力压住蟾蜍，将毁髓针插入凹陷处大约有 3 mm，快速左右搅动，然后再将针从凹陷处平行刺入蟾蜍颅腔内快速搅动几下，再反方向也快速搅动几下，使蟾蜍的脑组织彻底受到破坏，若蟾蜍四肢无知觉则表明毁髓成功。

将蟾蜍放于解剖盘里，使之腹部向上，用镊子夹起蟾蜍的腹部表皮，用解剖剪剪开，在剪的过程中要以防蟾蜍内脏被剪破。用解剖剪解剖完毕之后，使蟾蜍内脏暴露出来，观察各个器官位置、形状、大小与个数。观察可知蟾蜍心脏位于腹腔前端，在心脏外部有一层薄包裹；肝脏一般为深红色，有两个，位于心脏后部；花背蟾蜍有 1 对精巢，呈淡黄色，为长椭圆形，在肾脏后方。

观察完毕后，小心用镊子和解剖剪配合将所需器官取出，迅速放入装有 PBS 的培养皿内，将这些培养皿放在冰上保存。对所需器官称重，计算雄性生殖腺指数。最后将蟾蜍残体合理处理，仪器清洁干净，整理实验台。

### 2.4.1　组织结构完整性分析方法

细胞核被苏木精染成鲜明的蓝色，软骨基质、钙盐颗粒呈深蓝色，黏液呈灰蓝色。细胞质被伊红染成深浅不同的粉红色至桃红色，胞质内嗜酸性颗粒呈反光强的鲜红色。胶原纤维呈淡粉红色，弹力纤维呈亮粉红色，红细胞呈橘红色，蛋白性液体呈粉红色。

石蜡包埋步骤如下：

（1）取材。注意：取材时不能破坏组织，大块组织需要进行切割，如肝脏组织，一般取的是纵切面 2 ~ 3 mm，不能太大或太小。取出后的组织放于石蜡包埋盒中，且一定要放在 10%缓冲液福尔马林中进行固定，不能放入生理盐水中，否则会将组织泡大，影响实验结果。

（2）固定。方法：将组织放入包埋盒中，然后再在 10%缓冲液福尔马林中进行固定，一般大组织固定 4 h，小组织固定 2 ~ 3 h。注意，一定要在包埋盒上用铅笔做好标记，标明组织名称和来源。目的：防止组织腐烂，使组织保持与正常生活时的形态相似；使细胞内的物质变为不溶性物质，保持它原有的结构；固定剂甲醛具有硬化作用，能够增加组织的硬度，从而有利于制片。

（3）脱水。方法：3 个 95%乙醇溶液中脱水各 1 h。注意：不严格要求每个乙醇中都是 1 h，只要 3 个乙醇中共 3 h 即可；3 个无水乙醇溶液脱水：第一个乙醇中 1 h，第二、三个各 1.5 h。即从低浓度乙醇到高浓度乙醇。目的：除去组织中的水分，便于后续透明、浸蜡和包埋等各个步骤的进行，因为在这些步骤中，所用的试剂都不能与水混合，所以必须要进行脱水。其中，乙醇可作为脱水剂，又可以作为固定剂，但是高浓度的乙醇对组织有收缩和硬化的作用，并且乙醇和水能发生物理反应，因此，在整个脱水过程中，必须是从低浓度到高浓度的梯度乙醇过程，来逐步取代组织中的水分，从而使组织中的水分彻底被脱去，这样还可以防止组织发生收缩和硬化。

（4）透明。方法：3 个二甲苯溶液各 20 min。注意：在二甲苯中的时间不宜过短或过长。时间过短会引起透明不充分，影响后面的浸蜡包埋；时间过长则引起组织变脆。目的：就是将脱水剂从材料中除去，使材料变透明；同时便于下面的浸蜡和包埋等过程的进行（因为乙醇不能溶解石蜡）。透明剂二甲苯是一种既能与脱水剂乙醇混合，又能够与包埋剂石蜡混合的试剂。

（5）浸蜡。方法：2 个切片石蜡溶液中各 1 h。注意：在此过程中，浸蜡的温度一般要高于石蜡硬度的 10 ~ 15℃为宜，如硬度为 60% ~ 62% 的切片石蜡在 70 ~ 75℃下浸蜡适宜。目的：除去透明所用的二甲苯，并且使石蜡慢慢的替换透明剂，最终达到使透明剂完全被石蜡所取代的过程，有利于切片。

（6）包埋。方法：将透明好的组织从石蜡包埋盒中取出，将其纵切面朝下放置，以及平放于石蜡包埋模具里，这样便于后续切片和观察，再将石蜡包埋盒的上盖取下，将盒子放于模具上，接着把溶好的液体石蜡倒入模具里，先将其静置一会儿，待石蜡凝固后，把它放在相对较平的冰块上，加速冷却，等到蜡块能够自己脱落模具时，将其取出，并用小刀除去蜡盒周围多余的石蜡即可。注意：倒石蜡时一定要连续，否则会出现气孔，还有倒掉的石蜡一定不能过多或是过少，过多导致石蜡浪费，并且蜡块不容易从模具上脱落；石蜡过少，包含组织的石蜡块和蜡盒之间容易出现很大空隙，这样在切片时，组织容易脱落。目的：将组织固定在石蜡中，易于切片。

（7）切片（4 μm）。将切片刀装在刀片机的刀架上并且固定紧后，再固定蜡块于切片机上，刀刃与蜡块表面呈 5°角，然后进行对刀，粗修，最后切片，一般切片厚度为 4 μm，切片时要匀速、连续，若在切片中出现断裂或是裂缝，则将组织包埋盒放于冰袋上冷却一下，再进行切片，这样切出来的片子才会连续，褶皱才会减少。

（8）展片。在实验过程中可以用水浴锅代替展片仪，在 45℃水温中进行展片，展片时将切好的组织片用镊子从毛笔上轻轻取下，再平铺于水浴锅中即可，一定要挑选组织上无褶皱或褶皱最少的片子。目的：是使组织平展，便于后期的染色和观察。

（9）捞片。方法：捞片时一定要选择褶皱少且组织完整的片子，在此过程中，若有多余的片子粘在一起，则用镊子的尖垂直于两片切缝中，轻弹开，丢弃多余的切片即可。一般的载玻片在捞片时要用到蛋白质黏附剂（蛋清、甘油以 1∶1 均匀混合），一滴蛋白质黏附剂可涂多个片子，也就是说黏附剂不宜过多，否则会污染片子。

（10）烘烤。方法：我们大多采用在 90℃ 烘箱中放置 30 min 的方法，而不是直接在酒精灯上进行烤干，特别实在做多个片的时候，因为在烘箱中烤的要更均匀、彻底和有效。目的：除去捞片过程中的水分，并使组织和载玻片黏合得更加紧密，防止在染色过程中脱片。

（11）脱蜡。方法：取出片子后，放入载玻片架上后，直接放入二甲苯中进行脱蜡 3 次，每次 5 min。目的：脱去切片上的石蜡，有助于后续步骤的进行，并且易于观察。注意事项：当多个片子时，脱蜡时间不能低于 15 min，否则脱蜡不完全；同时不能超过 25 min，否则会脱片。

（12）水化。方法：2 次无水乙醇，2 次 95%乙醇，每次约 1 min。

（13）水洗。方法：在一个大盆中，浸泡水洗 2 次，每次约 2 ~ 3 min。

（14）苏木精染色。方法：染色时间视情况而定，小组织一般为 3 ~ 5 min，大组织约 15 min，注意着色不能太深或太浅，否则会影响观察结果。

（15）水洗。方法：浸泡水洗 1 min。

（16）分化。一般 5 s 左右，视情况而定。

（17）水洗。方法：浸泡水洗 1 min。

（18）蓝化。方法：视组织大小定时间，一般大组织为 1 min，小组织为几秒。

（19）水洗。方法：浸泡水洗 1 min。

（20）伊红染色。方法：将组织在伊红染液中浸下即可。

（21）水洗。方法：浸泡水洗 1 min。

（22）脱水。方法：85%乙醇 5 s，95%乙醇 5 s，无水乙醇 5 s，无水乙醇 10 s。

（23）透明。方法：用二甲苯分别进行 3 次透明，每次约 5 min。

（24）封片。方法：取一滴中性树胶滴于载玻片的组织上，将盖玻片从一端逐步盖下去，一般情况下不会出现气泡，因为树胶的平铺力很强。（用中性树胶封固时，不能过稠、过稀和过多。过稠时树胶不易分开，过稀、过多时盖玻片周边容易溢胶，且盖片应该轻拿轻放）。注意：封片分为干封和湿封两种，第一种干封不经过二甲苯透明步骤，脱水后直接滴加一滴中性树胶，盖上盖玻片进行封片；第二种湿封经过二甲苯透明步骤后，再滴加一滴中性树胶，盖上盖玻片进行封片。一般都是湿封效果要比干封好，且中性树胶的用量不宜过多，一滴即可，否则会对后续的观察和保存造成污染。目的：用中性树胶进行封片，一方面有利于观察，另一方面，经过观察后，若有相对好的片子也可以长期保存，以便后续再用。

（25）显微镜下观察。方法：先在 4 倍显微镜下观察组织的外形结构，再在 10 倍的显微镜下观察组织的大致结构，最后在 40 倍显微镜下观察组织的形态结构。

（26）拍照记录做比较。注意此石蜡包埋切片做出的片子和包埋好的组织可以长期保存，便于后续的使用和观察，且在实验操作过程中要注意自身的安全，因为二甲苯挥发性较强，还有致癌性。

### 2.4.2 蝌蚪生长发育测定

分别在每个生长期测定蝌蚪的体重、全长、体长、尾长、体宽，并计算其平均数作为其最终结果。其中，测定全长、体长、尾长、体宽的方法是：将蝌蚪置于干净的培养皿中，将培养皿放置在测量纸上测量即可。

① 全长：即自吻端到尾末端的长度；

② 尾长：即自肛管基部到尾末端的长度；

③ 体宽：即体两侧的最大宽度；

④ 体重：放置一个干净的培养皿于电子天平上并归零，用镊子夹取蝌蚪于培养皿中称重并记录数据即可。蝌蚪其他指标测定方法同蟾蜍成体。

### 2.4.3 花背蟾蜍组织结构观察

1. 肝脏组织结构观察

肝脏是外源污染物进行生物转化及代谢的主要场所，抗氧化酶含量较为丰富，能够及时且有效地清除生物转化过程中产生的活性氧，防止肝组织受到氧化损伤。矿区栖息地湿地的花背蟾蜍肝脏组织结构相比保护区栖息地湿地样地，发生了明显的改变。肝脏中出现较多的含铁血黄素沉着。同时，相比保护区栖息地湿地，矿区栖息地湿地中蟾蜍肝脏组织间隙显著增大。

含铁血黄素是在组织内出血的时候，从血管中逸出来的红细胞被巨噬细胞摄入并由它的溶酶体进行降解，使来自红细胞血红蛋白中的 $Fe^{3+}$ 与蛋白质结合，形成在电镜下可见的铁蛋白微粒。大量铁蛋白微粒聚集形成在光镜下可见的棕黄色并且较粗大的一些折光颗粒，含铁血黄素它属于一种不稳定的铁蛋白聚合体，是含有铁质的棕色色素。随着含铁血黄素的积累，肝纤维组织出现增生现象，且入侵肝细胞中，破坏了肝组织的正常结构，最终形成由纤维组织包绕的大量结节，造成肝脏质地变硬，即所说的肝硬化，也称之为“色素性”肝硬化。

2. 肾脏组织结构观察

在相同的切面条件下，与保护区栖息地湿地花背蟾蜍比较，矿区栖息地湿地雌性花背蟾蜍肾脏中出现晶体状玻璃样变性。玻璃样变性是在细胞或间质中出现的半透明均质、红染或无结构物质称玻璃样变性，又叫透明变。这种现象一般情况下是在细胞内发生肾小球肾炎时才会出现。此外肾脏中也有少量的含铁血黄素沉着。

矿区栖息地污染物大量富集能让蟾蜍肾功能受到损伤（肾脏的主要功能：排泄代谢废物，调节体液的酸碱度，调节钠、钾以及氯等电解质、调节体内水和渗透压的平衡等作用），最终导致其部分缺氧、炎症等发生，造成其局部 pH 升高，体温上升，致使原来的胶原蛋白分子变性成明胶，且相互融合而出现玻璃样变性。

矿区栖息地湿地花背蟾蜍的肝脏和肾脏脏器系数明显高于保护区栖息地湿地，可能原因是：肝脏和肾脏是动物体内解毒、排毒和排泄体内代谢废物的重要组织，维持机体钠、钾、钙等电解质稳定及酸碱平衡的器官。矿区栖息地湿地污染严重，一方面，污染物能严重影响其肝脏和肾脏的代谢功能，导致其功能紊乱，发生充血、水肿；另一方面因污染物浓度和数量增加，解毒排毒需求增大，肝脏和肾脏的功能代偿作用促使其增生肥大，从而增加其脏器系数。

3. 心脏组织结构观察

矿区栖息地湿地花背蟾蜍的心肌组织间隙比保护区栖息地湿地中的大且心脏切片中有不明黑色块状物出现，推测为污染物累积所致。矿区栖息地湿地中污染物成分复杂，如稀有元素、重金属元素以及有机污染物等毒性物质，过量富集能破坏心肌组织和 ATP 酶活性，增大组织间隙，影响肌肉收缩功能。

4. 卵巢组织结构观察

正常情况下，卵细胞有卵膜或其他附属物质的保护，外界的有害物质很难进入其内部，但是矿区栖息地湿地水体中的稀有元素和重金属离子具有很强的穿透力，它能透过卵细胞的卵膜和其他附属物质，对卵细胞造成严重的伤害，甚至是杀死，使其无法排出体外，即使被排出去，也是死亡细胞。从而导致矿区栖息地湿地花背蟾蜍卵巢中出现了组织坏死现象。

5. 精巢组织结构观察

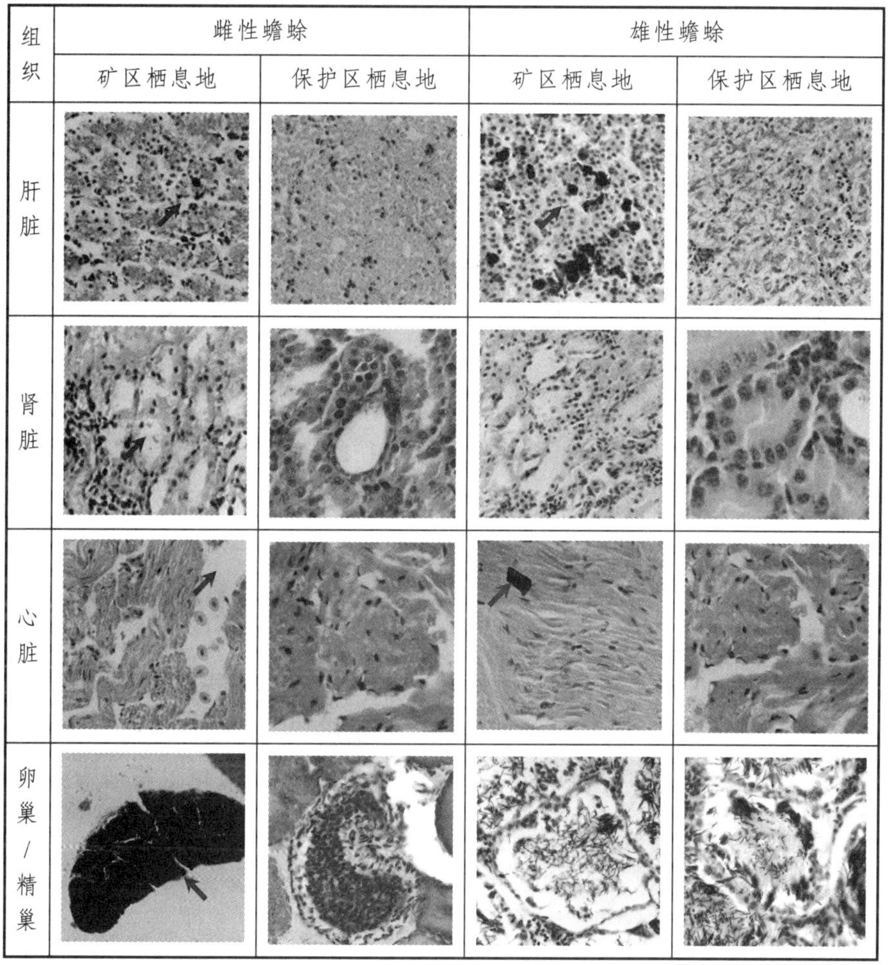


图 2-4　蟾蜍各组织结构观察

重金属元素如汞、铅、镉等均具有一定的生殖毒性，长期接触会导致精子活力降低、一次排精量减少、畸形精子比例增加。矿区栖息地湿地水体中的稀有元素和重金属离子含量较多，它们能够进入蟾蜍精巢，诱发精子畸变或致死。

结果显示两个湿地花背蟾蜍的精巢中均出现了各类畸形精子，如：原地打转运动的精子、鞭打频率相对较高的精子以及坏死的精子。但矿区栖息地湿地花背蟾蜍精巢的畸形率以及精子总活力低的精子数量远大于保护区栖息地湿地。

## 2.5　对两栖类抗氧化能力的影响

由自由基介导的蛋白质氧化产物作为体内氧化性损伤的特异性标志物，是近几年自由基生物学研究的热点之一。在细胞内、外环境中，蛋白质都是自由基和其他氧化剂作用的主要目标。据估计，细胞内的大分子中，由蛋白质清除的自由基占活性自由基总量的 50%～75%。由于某些蛋白质具有较长的半衰期，容易造成氧化性损伤的积累，因此，蛋白质氧化性损伤的形成可能是动物氧化性损伤的高度敏感指标。

生物体通过酶系统与非酶系统产生氧自由基，后者能攻击生物膜中的多不饱和脂肪酸，引发脂质过氧化作用，并因此形成脂质过氧化产物。脂质过氧化作用不仅把活性氧转化成活性化学剂，即非自由基性的脂类分解产物，而且通过链式或链式支链反应，放大活性氧的作用。因此，初始的一个活性氧等自由基能导致很多脂类分解产物的形成，这些分解产物中，一些是无害的，另一些则能引起细胞代谢及功能障碍，甚至死亡，氧自由基不但通过生物膜中多不饱和脂肪酸的过氧化引起细胞损伤，而且还能通过脂氢过氧化物的分解产物引起细胞损伤。

经过国内外学者的不断研究总结表明自由基的种类很多，并且大多数是瞬间产生的。其中对生物体能产生重大影响的有 5 种：

（1）超氧化物自由基：最早也是最多的自由基；

（2）过氧化氢：产生破坏性大的羟基自由基；

（3）羟基自由基：最活跃的自由基；主要会造成体内脂质过氧化而破坏细胞，也会和糖类、氨基酸、磷脂质、核酸、有机酸等任何生物体内的物质反应，特别是和DNA中的嘌呤、嘧啶作用，导致细胞死亡或突变；

（4）单线态氧：体内稳定的氧受紫外线照射后会产生大量不稳定的单线态氧，单线态氧和氯反应，造成自由基物或脂质氧化；

（5）过氧化脂质：是许多自由基物反应后的产物，且多半发生在细胞膜上，导致细胞膜失去功能或死亡，另外也会直接和蛋白质核酸作用，导致细胞甚至器官的病变或死亡。

生物体内主要通过抗氧化酶系统和清除剂来清除氧自由基。超氧化物歧化酶（SOD）、过氧化氢酶（CAT）和谷胱甘肽过氧化物酶（GPx）是抗氧化系统的三种重要酶。SOD和GSH都是生物体内重要的抗氧化剂和自由基清除剂，当生物体受到外界胁迫，体内产生大量有害自由基后，就可通过这两种酶以及相关酶的联合作用来消除。其中SOD是生物个体在清除体内由新陈代谢产生的自由基的主要物质，主要催化过氧化氢反应将体内多余的超氧自由基还原，继而由CAT和GSH-Px进一步还原为无害的水。

谷胱甘肽（GSH）作为体内一种重要的抗氧化剂，它能够清除掉生物体内的自由基，如：$H_2O_2$、LOOH、活性氧（Reactive Oxygen Species，ROS）。GSH是谷胱甘肽过氧化物酶（GPx）和谷胱甘肽硫转移酶（GST）的酶底物，是这两种酶分解过氧化氢所必需的物质。它能稳定含巯基的酶，防止血红蛋白和其他辅助因子的氧化损伤。GPx酶能催化GSH生成氧化型谷胱甘肽（GSSG），清除$H_2O_2$、LOOH、ROS自由基等有害离子。GST是一种肝脏解毒酶，在这种酶的催化下，GSH可以与体内过多的自由基、过氧化物等有害物质结合，并将它们排出体外。谷胱甘肽还原酶（GR）是一种核黄素酶，它能催化氧化型谷胱甘肽转化为还原性谷胱甘肽，是机体具有充足谷胱甘肽的重要保证。

总抗氧化能力（T-AOC）代表机体中酶和非酶抗氧化能力的总体水平，与生物机体的健康密切相关。通常情况下，生物体内氧自由基的生成与清除处于动态平衡。如果体内产生的自由基得不到及时有效的清除，就会通过损伤生物大分子破坏细胞的结构和功能，造成氧化损伤。氧化损伤是环境污染物引起生物毒性一个重要机制。其中丙二醛（MDA）是生物体内的脂质过氧化产物，可以很好反应生物体内的氧化损伤程度。脂质氧化终产物 MDA 在体外影响线粒体呼吸链复合物及线粒体内关键酶活性，它的产生还能加剧膜的损伤，因而测试 MDA 的含量可反映生物机体脂质过氧化的程度，间接的反应细胞损伤的程度。MDA 还会引起蛋白质、核酸等生命大分子的交联聚合，且具有细胞毒性。

### 2.5.1 抗氧化酶活性和丙二醛含量测定方法

抗氧化酶活性和丙二醛含量均可使用对应的试剂盒测定。包括：过氧化氢酶（Catalase，CAT）、谷胱甘肽-S 转移酶（Glutathione S-transferase，GST）、谷胱甘肽还原酶（Glutathione reductase，GR）、谷胱甘肽酶（Glutathione，GSH）、谷胱甘肽过氧化物酶（Glutathione Peroxidase，GPx）、超氧化物歧化酶（Total Superoxide Dismutase，T-SOD）、总抗氧化能力（Total Antioxidant Capacity，T-AOC）、丙二醛（Malonic Dialdehyde，MDA）。步骤如下：

（1）蟾蜍组织样品的制备：蟾蜍解剖后，准确称量精巢、卵巢、肝脏和肾脏组织，按照 1：99 的比例加 PBS，用匀浆器迅速匀浆（冰浴），置于 50 mL 的 EP 管中，4℃，离心 10 min。吸取上清液，放在冰上，待用。按照试剂盒操作手册依次加试剂耗材进行测定。其中，一个样本测定管做 3 个平行管，对照管做 3 个平行管，对照管最后取平均数即可。测定各类生物酶活性的同时需要同步测定样本蛋白浓度。

（2）动物组织蛋白质含量测定。蛋白质含量可使用考马斯亮蓝法测定。

① 定蛋白试剂：

a. 0.9% NaCl：准确称取氯化钠 0.9 g，加蒸馏水溶解并定容至 100 mL。

b. 标准蛋白液：牛血清白蛋白（0.1 mg/mL），准确称取牛血清白蛋白 0.2 g，用 0.9%NaCl 溶液溶解并稀释至 200 mL。

c. 考马斯亮蓝染液：准确称取考马斯亮蓝 0.05 g，加 95%乙醇 25 mL 溶解，加 85%磷酸 50 mL，加蒸馏水定容至 500 mL，过滤去除少量未溶解物，贮于棕色瓶中，4℃保存备用。

② 标准曲线的制备：

a. 取 7 支干净的试管置于试管架上，按表 2-6 进行编号并加入试剂。

b. 混匀，室温放置 3 min，以第一管为空白，于波长 595 nm 处比色，读取吸光度，以吸光度为纵坐标，各标液浓度作为横坐标作图得到标准曲线。

表 2-6　标准曲线的制备

| | 1 | 2 | 3 | 4 | 5 | 6 | 7 |
|---|---|---|---|---|---|---|---|
| 标准蛋白液/mL | 0.0 | 0.1 | 0.2 | 0.3 | 0.4 | 0.6 | 0.8 |
| 0.9% NaCl/mL | 1.0 | 0.9 | 0.8 | 0.7 | 0.6 | 0.4 | 0.2 |
| 考马斯亮蓝染液/mL | 0.0 | 4.0 | 4.0 | 4.0 | 4.0 | 4.0 | 4.0 |
| 蛋白质浓度/（μg/mL） | 0.0 | 10 | 20 | 30 | 40 | 60 | 80 |
| 吸光度 | 0.0 | 0.124 | 0.249 | 0.359 | 0.488 | 0.694 | 0.935 |

③ 样品溶液蛋白浓度的测定

另取数支干净试管，加入样品液 1.0 mL 及考马斯亮蓝染液 4.0 mL（一个样品液测定 3 个平行管），混匀，室温静置 3 min，于波长 595 nm 处比色，读取吸光度，由样品液的吸光度查标准曲线即可求出蛋白含量。

### 2.5.2　花背蟾蜍性腺抗氧化能力分析

由实验结果可知，矿区栖息地湿地蟾蜍精巢和卵巢中 MDA 含量都高于保护区栖息地湿地，可能与水体和底泥污染程度高有很大关系。精巢和卵巢长期受到污染胁迫，导致体内脂质过氧化反应加重。有关学者研究泥鳅的抗氧化能力表明，当抗氧化系统长期不能及时清除自由基或超过一定阈值，就会对机体造成脂质过氧化反应。另外精巢中的脂质过氧化水平显著高于卵巢（$P<0.01$），表明精巢受到的毒害效应更加严重。

通过两个湿地比较发现，稀土矿区栖息地湿地花背蟾蜍精巢中 SOD、GSH-Px、GST 和 CAT 活性都显著高于保护区栖息地湿地，这与湿地中各类污染物质的诱导作用有直接关系，是一种典型的氧化应激反应。矿区栖息地样地花背蟾蜍精巢和卵巢中 GSH 含量低于保护区栖息地样地，而与其相关的酶类 GSH-Px 和 GST 含量与保护区栖息地相比均有所升高，并且 GR 活性小于 GSH-Px 和 GST 活性，可见 GSH 生成速度小于其消耗速度，表明稀土矿区栖息地湿地水体污染对花背蟾蜍精巢和卵巢的抗氧化能力有明显的抑制作用。

矿区栖息地湿地蟾蜍精巢中 SOD、CAT 活性和 MDA 含量均显著高于卵巢（$P<0.01$），表明蟾蜍精巢主要通过 SOD 和 CAT 来应对外界污染胁迫。而卵巢中的 GSH 含量和 GST 活性显著高于精巢（$P<0.01$）。与精巢相比，卵巢内涉及 GSH 家族抗氧化酶系统普遍有较高的浓度或活性，表明在受到外界环境胁迫时，精巢可能更倾向于采用 SOD-CAT 系统抗氧化系统，而卵巢中 GSH 系统发挥的作用更大一些。这表明当受到环境污染胁迫时花背蟾蜍体内氧化应激系统具有一定的组织差异性，这可能与精、卵巢的结构和功能不同有很大关系。同时当地复合污染中不同污染物质对精、卵巢中各类抗氧化物酶活性的影响作用也存在差异。

T-AOC 代表机体内各种酶性和非酶性抗氧化能力的总体水平，其强弱与生物体自身的健康程度有着直接关系。矿区栖息地样地精巢和卵巢 T-AOC 能力与保护区栖息地样地相比较大，但差异不显著。整体而言，可以看出花背蟾蜍在长期受到矿区栖息地湿地水体污染的影响下，机体内部受到了氧化损伤，能够通过多种应激途径共同作用来对污染胁迫做出响应，增强自身的氧化能力，调整机体更好的适应生存环境。

矿区栖息地湿地水土复合污染对本土花背蟾蜍的精巢和卵巢组织造成了明显的氧化损伤，具有显著的生态毒性效应。在对抗逆境中，蟾蜍精巢和卵巢对污染胁迫的响应方式和应激途径具有组织差异性，精巢更倾向于 SOD-CAT 系统的抗氧化机制，而卵巢中 GSH 系统发挥作用更大。

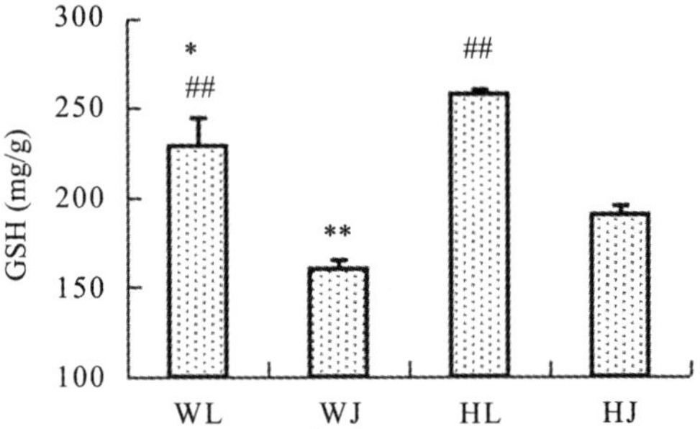


（a）

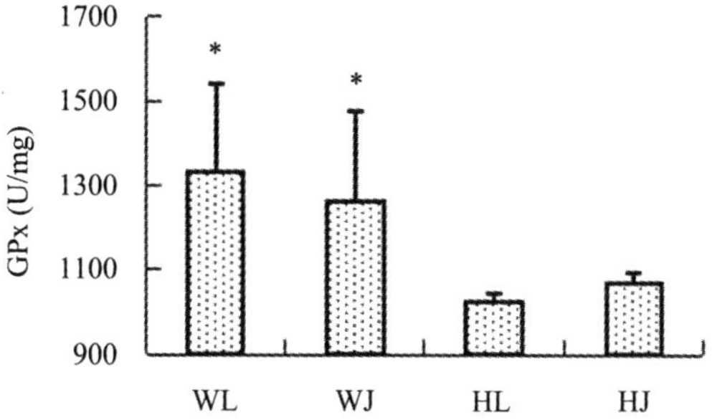
1700
1500
1300
1100
900
GPx (U/mg)
*
*
WL
WJ
HL
HJ

（b）

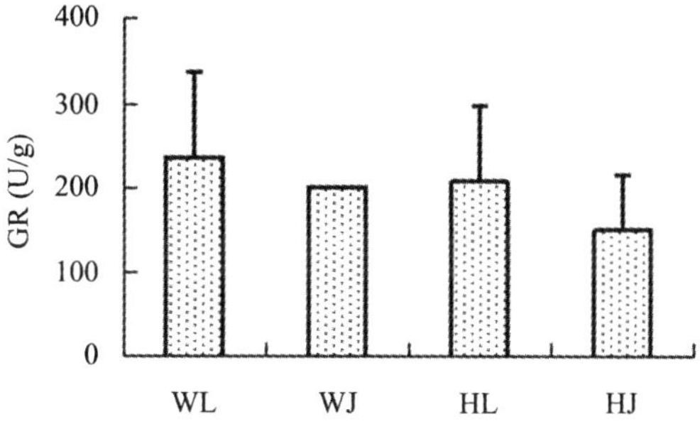
400
300
200
100
0
GR (U/g)
WL
WJ
HL
HJ

（c）

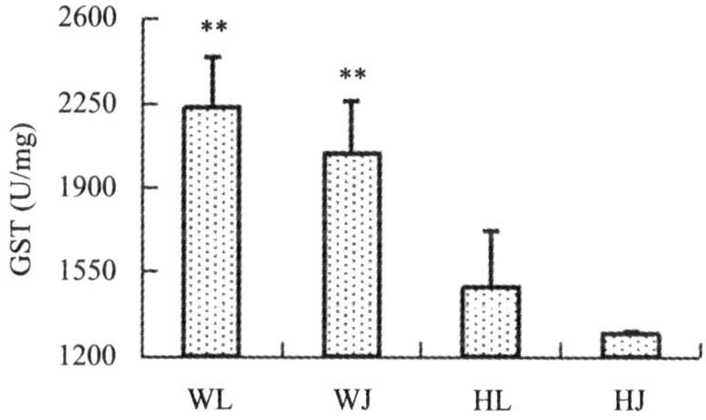
2600
2250
1900
1550
1200
GST (U/mg)
**
**
WL
WJ
HL
HJ

（d）

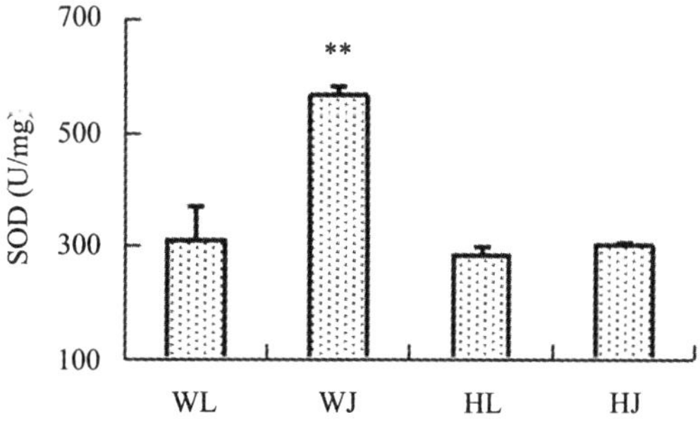
700
500
300
100
SOD (U/mg)
**
WL
WJ
HL
HJ

（e）

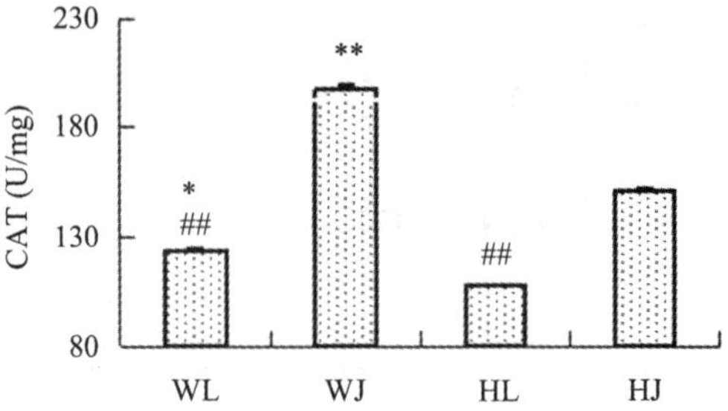


（f）

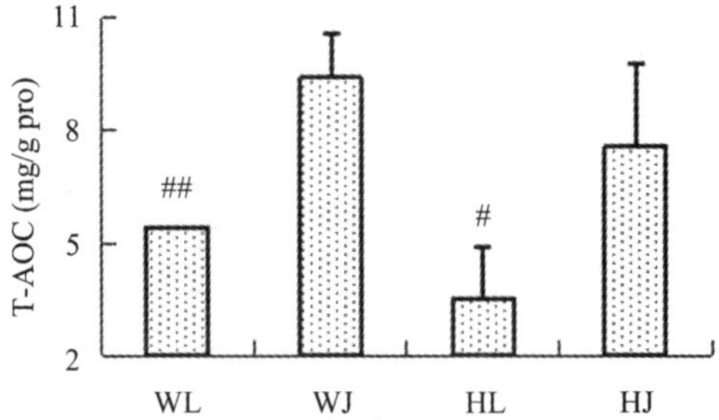


（g）

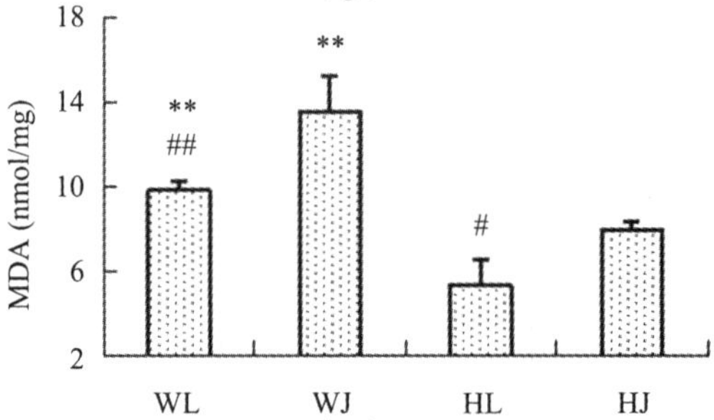


（h）

WL—矿区栖息地蟾蜍卵巢；WJ—矿区栖息地蟾蜍精巢；HL—保护区栖息地蟾蜍卵巢；
HJ—保护区栖息地蟾蜍精巢；*—相同性腺组织不同湿地间相比差异显著，
*$P$<0.05、**$P$<0.01；#—相同湿地不同性腺组织间相比差异显著，
#$P$<0.05、##$P$<0.01。

图 2-5　花背蟾蜍精和卵巢抗氧化能力指标分析

### 2.5.3　花背蟾蜍肝脏和肾脏抗氧化酶活性

本章同时分析了矿区栖息地湿地和保护区栖息地湿地蟾蜍肝脏和肾脏的抗氧化能力，数据显示出蟾蜍的抗氧化酶活性变化具有显著的器官差异性，这与蟾蜍肝脏和肾脏在机体代谢过程的所执行的不同生理功能

和花背蟾蜍的生理活动有直接关系。

肝脏是外源污染物进行生物转化和代谢的主要场所，抗氧化酶含量十分丰富，能够及时有效地清除生物转化过程中产生的活性氧，防止肝组织受到氧化损伤。肾脏是机体最重要的排泄器官，但由于某些污染物经过生物转化后，其代谢产物毒性非但没有降低，反而可能会被增强。因此，与肝脏相比较，肾脏更易受到自由基的侵害而产生氧化损伤。

抗氧化物酶活性受脏器种类、污染物种类、暴露时间等多重因素的影响显著，动态变化情况也比较复杂。整体而言，与保护区栖息地湿地相比，矿区栖息地湿地污染显著降低了蟾蜍肝脏和肾脏的抗氧化能力，导致其氧化损伤程度加重。应激反应导致 SOD、CAT 和 GSH 酶系出现不同程度的响应和变化。

### 2.5.4　各期蝌蚪肝胰脏抗氧化物酶活性

到四月底，冬眠的本地蟾蜍开始活动，5 月初是蟾蜍的繁殖季节，蟾蜍集中于求偶、交配、产卵的时间。产卵时间一般集中在 2 ~ 3 天内全部完成，之后成虫返回深水，很少出现。在野外产卵后一周内开始后胚发育阶段。本实验共统计了 4 次蝌蚪密度和蝌蚪比例，每次总数量约为 1000 只。按照Ⅰ-Ⅴ阶段进行分类，即第Ⅰ阶段（赵的 26/27 阶段：胚胎后期发育开始）、第Ⅱ阶段（赵的 30/32 阶段：出现了 5 个后脚趾）、第Ⅲ阶段（赵的 35/36 阶段：尾巴的一半以上重新吸收）、第Ⅳ阶段（赵的 37/38 阶段：变质完成）和第Ⅴ阶段（赵的 39 阶段）。分析了随着蝌蚪的发育，肝胰脏的抗氧化变化情况（表 2-7）。

从Ⅰ期至Ⅳ期，随着蝌蚪的发育和变态，矿区栖息地蝌蚪肝胰脏组织中的 GR、GST 活性和 GSH 含量整体均呈钟形曲线，均在第Ⅲ期达到最大，且各酶活性及物质含量总体上显著大于保护区栖息地（$P<0.01$）。矿区栖息地 GPx 活性在第Ⅰ，Ⅱ期显著大于保护区栖息地，在第Ⅲ期显著小于保护区栖息地，之后差异不显著，表明矿区栖息地蝌蚪肝胰脏体内对外界污染产生了应激反应。

表 2-7 矿区和保护区栖息地各期蝌蚪肝胰脏八种指标

| | Sites | Ⅰ（24～25） | Ⅱ（26～27） | Ⅲ（34～35） | Ⅳ（36～37） | Ⅴ（38～39） |
|---|---|---|---|---|---|---|
| GSH/（mg·g$^{-1}$） | TW | $94.18±1.55^{d**}$ | $87.03±2.42^{e**}$ | $148.08±6.39^{a**}$ | $115.02±4.56^{c**}$ | $129.28±7.94^{d**}$ |
| | YW | $40.59±0.58^{e}$ | $60.36±0.81^{d}$ | $67.64±1.91^{c}$ | $79.46±1.95^{d}$ | $113.69±1.64^{d}$ |
| GPx/（U/mg） | TW | $1148.67±37.38^{a*}$ | $1096.13±34.97^{ab*}$ | $1093.68±34.58^{ab}$ | $955.85±31.84^{b*}$ | $944.13±19.93^{b*}$ |
| | YW | $1073.16±18.60^{a}$ | $988.25±11.51^{b}$ | $1257.45±63.25^{a}$ | $1032.62±18.54^{ab}$ | $886.71±29.70^{b}$ |
| GR/（U/g） | TW | $24.84±0.73^{e}$ | $47.20±3.26^{d**}$ | $146.95±3.93^{a*}$ | $65.59±0.41^{b}$ | $53.09±1.67^{c**}$ |
| | YW | $57.89±0^{d}$ | $45.24±1.41^{c}$ | $87.32±1.32^{a}$ | $54.98±2.18^{b}$ | $40.94±0.61^{e}$ |
| GST/（U/mg） | TW | $11.64±0.36^{e**}$ | $28.19±0.66^{d**}$ | $49.06±1.40^{a**}$ | $34.19±1.55^{c**}$ | $35.78±0.97^{b**}$ |
| | YW | $6.58±0.35^{e}$ | $19.96±0.83^{c}$ | $28.43±0.42^{a}$ | $23.81±0.50^{b}$ | $11.37±0.22^{d}$ |
| SOD/（U/mg） | TW | $148.84±7.74^{b}$ | $167.27±0.93^{b**}$ | $206.16±6.09^{a}$ | $162.61±2.95^{a*}$ | $212.66±4.28^{a}$ |
| | YW | $148.50±2.49^{c}$ | $205.10±2.92^{b}$ | $212.00±2.82^{b}$ | $278.27±6.27^{a}$ | $228.82±5.41^{b}$ |
| CAT/（U/mg） | TW | $296.81±2.86^{c**}$ | $291.67±5.87^{b**}$ | $379.15±3.40^{a**}$ | $253.25±4.24^{b**}$ | $276.44±1.83^{c**}$ |
| | YW | $162.52±3.62^{d}$ | $259.10±16.75^{c}$ | $318.84±2.16^{a}$ | $299.78±0.51^{b}$ | $256.77±0.75^{c}$ |
| TAOC/（mg/g） | TW | $3.74±0.14^{a**}$ | $4.21±0.21^{ab**}$ | $2.47±0.02^{c**}$ | $2.65±0.06^{b**}$ | $3.81±0.14^{a**}$ |
| | YW | $3.09±0.10^{c}$ | $2.83±0.14^{d}$ | $1.92±0.06^{e}$ | $4.02±0.11^{b}$ | $5.42±0.16^{a}$ |
| MDA/（m mol/mg） | TW | $4.45±0.35^{c}$ | $4.27±0.30^{c**}$ | $8.40±0.29^{a**}$ | $6.69±0.25^{b}$ | $6.83±0.38^{b**}$ |
| | YW | $4.52±0.36^{d}$ | $5.27±0.47^{c}$ | $7.18±0.07^{a}$ | $6.33±0.20^{b}$ | $3.80±0.30^{e}$ |
| DNA/damage | TW | $23.93±0.21^{b**}$ | $20.40±0.37b^{c**}$ | $21.25±0.51^{b**}$ | $28.22±0.39^{a**}$ | $11.06±0.39^{c**}$ |
| | YW | $11.01±0.40^{a}$ | $7.63±0.22^{b}$ | $8.75±0.10^{ab}$ | $5.32±0.13^{b}$ | $1.13±0.01^{c}$ |

注：不同字母表示同一阶段不同阶段间差异显著，$P<0.05$。*代表比较了尾矿和小地块的各个阶段，$*P<0.05$，$**P<0.01$。

SOD、CAT 和 GPx 是抗氧化系统的 3 种重要酶类，SOD 主要是清除体内的活性氧自由基，其反应产物为 $H_2O_2$，由 CAT 和 GPx 进一步还原为 $H_2O$，从而清除体内过多超氧自由基。GPx 同时能有效地清除有机过氧化物 ROOH，自由基也能使 GPx 等抗氧化酶迅速失活。T-AOC 代表机体内各种酶性和非酶性抗氧化能力的总体水平，其强弱与生物体自身的健康程度之间有着密切的联系。

从Ⅰ期至Ⅳ期，随着蝌蚪的发育和变态，矿区栖息地和保护区栖息地湿地中蝌蚪肝胰脏组织中的 GPx 活性逐渐降低，SOD 活性逐渐增大，CAT 活性先升高后下降。T-AOC 呈现先下降再上升的趋势，在第Ⅲ期达到最小。这四种指标在Ⅰ-Ⅲ期矿区栖息地大于保护区栖息地，而在Ⅳ-Ⅴ期以后小于保护区栖息地。丙二醛（MDA）是机体内脂质过氧化反应的重要产物，同时又可与蛋白质的游离氨基作用，引起蛋白质分子内与分子间交联，导致细胞损伤，其含量可间接反映脂质过氧化程度。在本实验中，从Ⅰ至Ⅳ阶段，随着蝌蚪的发育和变态，MDA 含量呈现钟形趋势，在第Ⅲ期达到最大。

推测由于随着蝌蚪发育，矿区栖息地湿地污染致使其蝌蚪体内的氧化胁迫加重，最终导致其组织的脂质过氧化程度增加，抗氧化能力逐渐下降。在Ⅲ期接近变态临界期，对环境胁迫更加敏感，从以上六种抗氧化物质也可以得出此结论。随着蝌蚪的发育，Ⅲ期以后蝌蚪逐渐离开水体，受到污水影响的时间逐渐缩短，蟾蜍幼体体内各种组织重整，免疫、呼吸、消化和神经系统也逐渐完善，对外界污染胁迫有了一定适应和免疫，发生的脂质过氧化程度逐渐降低，总体抗氧化能力逐渐增大。

## 2.6　对两栖类细胞水平的影响

在水和废水中具有遗传毒性的各类污染物对环境和人类的影响已引起人们的极大关注。细菌学试验（如试验：污染物致突变性检测试验）是最常用的检测致突变性和遗传毒性的标准方法，但它的缺点是使用原核生物，只能检测点突变。

微核是真核类生物细胞经辐射或化学诱变剂的作用产生的一种游离于主核之外的微小染色质块。微核来源于染色体断裂的片段或整条染色体，其形成机制一般认为是具有遗传毒性的物质作用于染色体，导致染色体断裂，或作用于纺锤体，导致纺锤体功能不全，在细胞分裂时，断片或整条染色体移动停滞后，从而形成大小不同的微核。

微核试验是检查环境污染物对细胞染色体损伤效应的一种简便、快速而有效的致突变性筛选方法。利用微核试验在我国水环境监测中有不少报道，鱼类微核试验常用于检测水体中的致突变污染物。蝌蚪是两栖类动物变态前的幼体阶段，细胞分裂旺盛，研究表明用蝌蚪红细胞检测水体的环境污染物时，其灵敏度要高于鱼类微核试验。

单细胞凝胶电泳是另外一种快速、敏感、简便、廉价的在单个细胞水平上检测诱变物引起 DNA 单链断裂的技术。目前 SCGE 已广泛应用于检测过氧化、紫外线、电离辐射、化学物质及吸烟、老化引起的遗传损伤研究。而应用水生生物的血红细胞通过 SCGE 的方法检测水质也已取得很好的效果。

### 2.6.1 细胞损伤测定方法

1. 蟾蜍细胞核异常率

① 血液样品液的制备：取 5 mL 的 EP 管，加入 100 μL 肝素钠溶液和 1 mL PBS，蟾蜍解剖后取心脏血。

② 做血涂片：用移液枪吸 80 ~ 100 μL 的血液样品滴于载玻片上，做成均匀涂片（每个样品液做 3 个平行片）。

③ Giemsa 染色：用移液枪吸取配好的 Giemsa 染液于载玻片上，染色 5 ~ 8 min 后轻轻盖上盖玻片。

④ 镜检:制好的片子使用实验室的光学显微镜 100 倍镜头观察即可。

每张片子观察的红细胞应不少于 1000 个，并记录具有微核和核异常的细胞总数。观察结果用千分率（‰）表示。

⑤ 计算：成熟红细胞核异常率=具有核异常细胞总数/1000×1000‰

2. DNA 损伤程度鉴定

DNA 损伤程度使用彗星实验（单细胞凝胶电泳技术 Single Cell Gel Eletrophoresis，SCGE）测定。

① 单细胞凝胶电泳试剂：

a. 细胞裂解液 500 mL：2.5 mol/L NaCl 73.05 g；0.1 mol/L $Na_2EDTA$ 18.612 g；10 mmol/L Tris-HCl 0.6057 g；1%十二烷基肌氨酸钠 5 g。调 pH=10（用 NaOH 调，或直接加 4 g NaOH）。使用前加 1%的 Triton X-100 5 mL，10%的 DMSO 50 mL。细胞裂解液配好后置于 4℃预冷，备用。

b. EB 溶液：准确称取 EB 0.0005 g，加蒸馏水至 10 mL，避光贮存。

c. PBS 500 mL（pH=7.4）：NaCl 0.0032 g；KCl 0.1006 g；$Na_2HPO_4$ 1.4504 g；$KH_2PO_4$ 1.0205 g。

d. 电泳缓冲液（pH=13）准确称取 NaOH 12 g，$Na_2EDTA$ 0.372 g，蒸馏水溶解并定容 1000 mL。

e. 中和液（pH=7.5）：准确称取 Tris 24.25 g，NaCl 0.108 g，蒸馏水溶解并定容 500 mL。

f. 凝胶 0.6%NMA（pH=7.4）：准确称取 NMA 0.036 g，溶于 6 mL PBS。0.75%LMA（pH=7.4）：准确称取 LMA 0.045 g，溶于 6 mL PBS。0.5%LMA（pH=7.4）：准确称取 LMA0.030 g，溶于 6 mL PBS。

② SCGE 技术原理：

SCGE 技术是一种在单细胞水平上检测有核细胞 DNA 损伤和修复的方法。该技术的原理是基于有核细胞的 DNA 分子量大，DNA 超螺旋结构附着在核基质中，用琼脂糖凝胶将细胞包埋在载玻片上，在细胞裂解液作用下，细胞膜、核膜及其他生物膜破坏，使细胞内的 RNA、蛋白质及其他成分进入凝胶，继而扩散到裂解液中，唯独核 DNA 仍保持缠绕的环区附着在剩余的核骨架上，并留在原位。如果细胞未受损伤，电泳中核 DNA 因其分子量大停留在核基质中，经荧光染色后呈现圆形的荧光团，无拖尾现象。

③ SCGE 实验步骤：

a. 样品液的制备：取 5 mL 的 EP 管，加入 100 μL 肝素钠溶液和 1 mL

PBS，蟾蜍解剖后取血液或精子，血液样本最后用显微镜调至浓度为一个视野 5 ~ 8 个细胞即可。

b. 精子前期样品处理：精巢取出后，放入装有适量 PBS 的 Eppendorf 管中，用解剖剪剪碎精巢，4000 r/min，离心 30 s，取上清液，用适量的 PBS 将细胞浓度调制到大约 100 个/mL。

以下步骤除中和及染色以外，均应在暗处进行操作。

c. 胶板的制备：

熔琼脂糖凝胶 NMA（0.6%）：称取 0.12 g 正常熔点的琼脂糖（NMA）倒入 50 mL 烧杯中，加入 1×PBS 缓冲液定容至 20 mL，微波炉加热溶解。

低熔点的琼脂糖凝胶 LMA（0.75%）：称取 0.0225 g 低熔点的琼脂糖（LMA）放入 10 mL 的 EP 管，加入 3 mL 的 1×PBS 缓冲液，将 EP 管放入 1000 mL 烧杯中用电炉子 100℃沸水中加热 2 h。

第一层胶的制备：在 45℃下将正常熔点的琼脂糖的磷酸缓冲液浇注到磨粗的载玻片上，置于 4℃下 10 min 使得琼脂糖固化。

第二层胶的制备：在 37℃下，将约 1000 个悬于 10 μL 的 PBS 中的受检细胞与 75 μL 0.5%低熔点琼脂糖相混。轻轻移开盖玻片，将细胞悬滴在第一层琼脂糖上，盖上盖玻片，让其均匀铺开，置于 4℃下 10 min 使得琼脂糖固化。

第三层胶的制备（可省略）：等到第二层胶固化后，缓慢的移开第二层胶上的盖玻片，将 100 μL 0.5%低熔点的琼脂糖凝胶均匀滴加在第二层胶上，盖上盖玻片，4℃固化 10 min。

d. 裂解液裂解。量取预冷的裂解液 40 mL，倒入裂解槽中，移开第三层胶上的盖玻片，然后按顺序胶面朝上平放到裂解槽中，4℃裂解 20 min。

e. 电泳。将载玻片移出，放于水平凝胶电泳槽中的阳极端，电泳槽中置新配制的电泳缓冲液大约覆过载玻片 0.25 cm 左右，高 pH 电泳液中放置 20 min，便于 DNA 在电泳前解旋，盖上黑布进行电泳即可。在室温下，调整电泳槽中缓冲液面高低于 300 mA、25 V 下电泳 20 min。

f. 中和。在电泳后将载玻片置托盘，置于冰箱中，用 pH 7.5、0.4 mol/L 的 Tris 中和约 15 min。

g. 染色。待中和呈中性后，将载玻片用 50 ~ 100 μL 2 mg/L 的 EB 水溶液染色，再盖上盖玻片，放置 4℃避光环境下处理 7 min 左右。

h. 检测。用 100 W 汞灯作为荧光光源，在荧光显微镜下观察，即损伤的细胞 DNA 呈现由圆形、致密的红色核心（彗头）与朝向阳极的尾部的 DNA 碎片（彗尾）构成的“彗星”。常用 DNA 断裂分级作为观察指标。DNA 断裂分级是按彗星尾端与头部直径的比例判断，分为 5 个等级（分别给予 0-4 分值）。

零级损伤：正常的，没有彗尾即无明显的断裂损伤，计 0 分；

一级损伤：有轻微但不很明显的彗尾，彗尾的直径小于彗星的头部直径的 1/4，计 1 分；

二级损伤：彗尾的直径大于彗星头部的直径的 1/4，并且彗尾的直径小于彗星头部的直径，计 2 分；

三级损伤：彗尾的长度大于彗星头部的直径，计 3 分；

四级损伤：彗星仅有很小的头部，计 4 分。

每一个测定样本做 3 个平行片。每个片子随机统计上百个细胞，分别统计并记录各级彗星的细胞数量，各级彗星的细胞数量乘以各级对应分值并累加起来，用累加值除以被统计的细胞总数即为衡量 DNA 损伤程度。

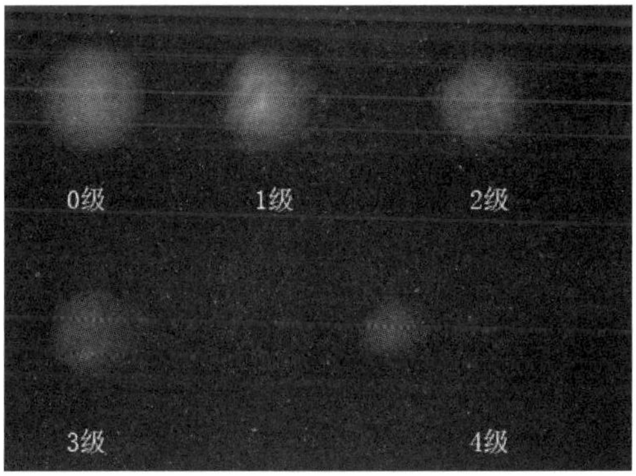


图 2-6　DNA 损伤程度分级标准

## 2.6.2　细胞核异常率分析

矿区栖息地花背蟾蜍成体和蝌蚪血细胞的核异常率都显著高于保护

区栖息地（$P<0.01$），但在同一样地，花背蟾蜍成体雌雄个体之间的血细胞核异常率差异并不显著（$P>0.05$）。表明矿区栖息地湿地水体污染物质对两栖类成体具有显著的遗传损伤作用。由于成体在矿区栖息地污染的环境中生存时间较长，体内污染物富集和毒性作用时间长，因此，遗传损伤作用相比蝌蚪更加明显。

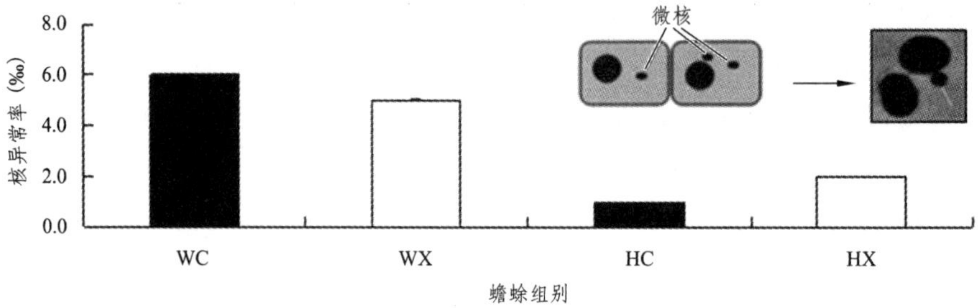


W—矿区栖息地湿地；H—保护区栖息地湿地；C—雌性；X—雄性。

图 2-7　不同性别花背蟾蜍血细胞微核率

### 2.6.3　血细胞 DNA 损伤程度分析

如图显示：矿区栖息地各期蝌蚪血细胞的 DNA 损伤程度均显著高于保护区栖息地（$P<0.01$），从 26 期至 39 期之间，随着蝌蚪的发育和变态结束，矿区栖息地蝌蚪血细胞的 DNA 损伤程度在 36-37 期达到最高，而保护区栖息地湿地中蝌蚪血细胞的 DNA 损伤程度整体呈现下降趋势。

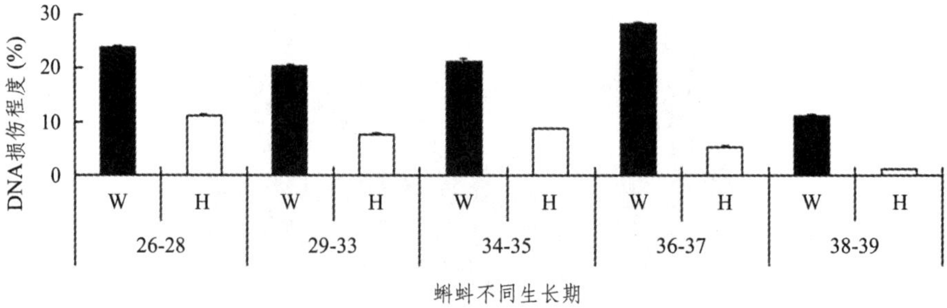


*—两样地同一生长期内花背蟾蜍蝌蚪 DNA 损伤率相比差异显著，$^{**}P<0.01$。

图 2-8　矿区栖息地和保护区栖息地湿地蟾蜍血细胞和精子 DNA 损伤程度比较

成体实验显示矿区栖息地湿地蟾蜍血细胞的 DNA 损伤程度都显著

高于保护区栖息地湿地（$P<0.01$），保护区栖息地湿地花背蟾蜍血细胞的DNA损伤程度仅为矿区栖息地湿地中的35.67%，在同一样地中，蟾蜍雄性个体血细胞的DNA损伤程度均显著高于雌性个体（$P<0.01$）。

### 2.6.4 精子活性分析

运用双毁髓法处死，解剖，迅速取出精巢，精巢呈现淡黄色，分别置于2 mL生理盐水中37℃保存，检测前使用解剖剪稍剪碎，使精子游离出来，制成精子悬液，使用彩色精子质量检测系统分析。

将花背蟾蜍带回实验室，置于装有各样地水的玻璃缸中适应数小时，运用双毁髓法处死，解剖，迅速取出精巢。精巢呈现淡黄色，分别置于2 mL 37℃的生理盐水中暂存，检测时使用解剖剪稍剪碎精巢，使精子游离出来制成精子悬液。在彩色精子图像分析系统（Computer assisted sperm analysis system，CASAS）中分析精子动态参数，结果显示矿区栖息地湿地和保护区栖息地湿地中蟾蜍a级和b级精子的占比抱对前要显著高于抱对后（$P<0.05$），抱对前后矿区栖息地湿地中蟾蜍a级和b级精子占比均低于保护区栖息地湿地。

表2-8 矿区栖息地湿地和保护区栖息地湿地蟾蜍精子质量统计

| | 矿区栖息地湿地 | | 保护区栖息地湿地 | |
|---|---|---|---|---|
| | 抱对前/% | 抱对后/% | 抱对前/% | 抱对后/% |
| a级精子 | 0.00 | 0.84 | 0.00 | 0.99 |
| b级精子 | 56.25 | 0.84 | 65.22 | 1.49 |
| c级精子 | 12.50 | 19.41 | 17.39 | 28.22 |
| d级精子 | 31.25 | 78.90 | 17.39 | 66.83 |
| a+b级精子 | 56.25 | 1.69 | 65.22 | 2.48 |
| a+b+c级精 | 68.75 | 21.10 | 82.61 | 30.86 |

注：（1）a级精子是指精子活力很好，快速向前运动；b级精子是指精子活力较好，慢或呆滞的前向运动；c级精子是指精子活力一般，非向前运动；d级精子是指精子活动能力差，原地蠕动。

通过对精子的平均路径速度、精子的鞭打频率、精子的向前运动力、精子的非向前运动力和精子总活力评价了矿区栖息地湿地和保护区栖息地湿地花背蟾蜍精子的动态参数（表 2-9），探究重金属复合污染对花背蟾蜍精子动态参数的影响，矿区栖息地花背蟾蜍精子的平均路径速度与保护区栖息地湿地差异不显著。矿区栖息地花背蟾蜍精子的鞭打频率和非向前运动力显著高于保护区栖息地湿地（$P<0.05$），这与精子畸形率提高有直接关系，导致原地打转的精子数量增加。然而，保护区栖息地湿地花背蟾蜍的精子向前运动力和总活力显著高于（$P<0.05$）矿区栖息地湿地，这非常有助于提高受精率。研究表明诸多重金属元素如汞、铅、镉等均具有生殖毒性，长时间接触这些重金属能够导致睾丸萎缩、阻碍精子生成、导致精子活力下降、畸形精子比例增加以及精子坏死等现象的发生。本实验结果表明该矿区栖息地重金属复合污染对花背蟾蜍的精子质量产生了明显的负面影响，导致矿区栖息地湿地花背蟾蜍的精子畸形率（6.72‰）显著高于保护区栖息地湿地（3.05‰）（$P<0.05$）。

表 2-9　矿区栖息地湿地和保护区栖息地湿地花背蟾蜍的精子动态参数统计分析

| 样地 | 平均路径速度 VAP/（um/s） | 鞭打频率 BCF/Hz | 向前运动力 PR/% | 非向前运动力 NP/% | 精子总活力 PR+NP/% | 畸形率 /‰ |
|---|---|---|---|---|---|---|
| 小白河 | 12.79±1.62 | 6.67±0.73b | 32.36±0.12a | 5.12±0.04b | 37.48±0.11a | 6.72±0.20a |
| 矿区栖息地 | 11.70±1.22 | 8.22±1.56a | 15.76±0.11b | 12.41±0.09a | 28.17±0.15b | 3.05±0.19b |

注：不同字母表示同一指标不同样地之间差异显著（$P<0.05$）。

精子产生在睾丸的曲细精管中，睾丸的各个组成部分以及整体的功能都受到下丘脑-垂体内分泌腺体的影响。精子相对于卵细胞而言，其外没有卵膜或其他附属物质的保护，精子对于外界环境中的污染物反应敏感、快速而且容易检测，早在 20 世纪 80 年代，水生动物的精子就被应用于水体污染物的毒性研究，而且通过计算机精子辅助分析系统，精子的运动参数的变化能得到较快的监测。主要发挥作用的阶段是花背蟾蜍的受精阶段，而在抱对期间蟾蜍个体的暴露将不会对其睾丸内的精子产生不利影响。环境污染物所造成的急性或慢性中毒，均可使睾丸中酶的活性降低，影响生精过程，畸形精子比例增高，其活力、穿透力、受精率均在下降，这也是矿区栖息地湿地蟾蜍的精子活力要比保护区栖息地湿地低的主要原因。

## 2.7　对两栖类基因表达水平的影响

在 DNA 测序技术是在分子和基因水平上开展生态毒性效应研究的有效手段，该技术最先由 Sanger 在 1973 年发明并提出，其原理是利用双脱氧链终止法，也称为第一代测序技术。Sanger 法有很多优点如操作简单、准确等同时也有很多缺陷，如测序量小、耗时耗力、放射性等。人们利用 Sanger 法完成了人类基因组计划，推动了人类社会向前发展。

21 世纪以后，第二测序技术即高通量测序技术迅速发展，第二代测序技术比 Sanger 测得的数据量更大、省时省力、资金花费相比于 Sanger 法也更少。目前世界上有三大测序平台即 Roche 454 FLX，Illumina/Solexa 和 Applied Biosystems/SOLIDTM。

近几年又出现了新的测序平台称第三代高通量测序，该平台不需要 PCR 扩增反应，能够针对单个 DNA 分子进行测序，其通量相比二代测序也大大增加。目前三代测序有 2 个平台分别是：Helicos/Heli Scop 和 Pacific Biosciences/SMRT（single-molecule real-time）技术。

### 2.7.1　RNA-seq 技术的概述

RNA-seq 的中文名称是高通量转录组测序，可用于分析样本中的差异表达基因、信息通路、找到与转录组中相似的表达基因。提取组织中的总 RNA 后，利用 mRNA 的结构特点设计一段引物，mRNA 序列的 3’端有多 A 结构，利用这一特性将 mRNA 从总 RNA 中纯化出来。当然在反转录之前要将样本的 mRNA 进行片段化处理，构建 cDNA 文库，使物种信息完整保存到文库中，进而对构建后的 cDNA 文库进行 PCR 扩增，最后把扩增的序列上机器测序，最后利用生物信息学的知识拼接各片段，形成完整的基因片段。

RNA-seq 技术主要有如下功能：发现新的转录本或基因、定量基因表达量水平、不同样本间基因的差异表达情况、转录本或基因的结构变异研究及非编码区的功能研究等。其中应用最多的是差异表达基因的筛选，即通过定量不同样本中各基因的表达量，然后比较样本间的变化情况，得到有显著性差异表达变化的基因。通过分析表达量变化情况，研究其对生物体的毒性，因此 RNA-seq 技术得到了更好的应用。

二十世纪 90 年代，人们对基因表达方面的研究主要集中测定序列短的片段，方法是利用 DNA 芯片技术，该技术是基于已知的基因序列设计探针进行扩增，针对小样本，而且如果样本中浓度和纯度低的基因无法获取其序列，即丰度太低，也不能分析基因发生微小变化后的差异性，不同组织中的基因也无法研究。近几年，高通量测序技术和生物信息学的迅速发展，不仅能解决以上问题，还能研究新基因功能，而且能将高通量测序技术应用于生态环境研究方面，在未来有很大的应用前景。

1. 总 RNA 的提取

① 提取总 RNA。从−80℃超低温冰箱中取矿区栖息地和保护区栖息地花背蟾蜍肝脏各 3 个平行样品，提前将液氮倒入一个大盆中，然后将拿出的组织置于液氮中，对组织进行速冻。而后利用总 RNA 试剂盒提取样本的总 RNA，提取后的总 RNA 用 Nanodrop 2000 超微量分光光度计测定提取效果，一般过程是用琼脂糖凝胶电泳监测。上机检测的总 RNA 至少要用 1 μg，$OD_{260}$ 与 $OD_{280}$ 的比值位于 1.8 ~ 2.2 内。

② Oligo dT 富集 mRNA。本次测序对 mRNA 纯化的方法是使用带有 Oligo dT 的磁性珠作为富集载体与 mRNA 结合形成配对，这样就能把 mRNA 从总 RNA 中富集出来，用于分析差异基因的表达信息。

③ 片段化 mRNA。片段化 DNA 是利用一些方法将较长的 mRNA 片段随机打断成 100-300 bp 的片段，本次测序是用 fragmentation buffer 来进行。

④ 反转录成 cDNA。片段化后的 mRNA 利用反转录试剂盒来合成 cDNA。首先是 cDNA 第一链的合成，利用 mRNA 作为模板，加入反转

录酶、原料等物质，合成 cDNA 第一链。其次进行 cDNA 第二链的合成，模板是随机六聚体引物，原料、酶与第一链合成相同。

⑤ 连接 adaptor。首先将 cDNA 黏性末端补齐，然后在末端加接头，接头要加在 cDNA 两端，接头中要含有特定的酶切位点。

⑥ Illumina Hiseq 上机测序。首先要对文库进行富集，PCR 扩增 15 个循环；胶回收：琼脂糖凝胶电泳后利用胶回收试剂盒，回收基因条带；定量分析：用 TBS380 对目的片段定量，检测结果后，按照比例大小顺序先后上机测序。

2. 测序数据质量控制

运用统计学方法对所有测序 reads 的每个 cycle 进行碱基分布和质量波动的统计，可以从宏观上直观地反映测序样本的文库构建质量和测序质量，并对每一个样本的碱基质量、碱基错误率以及碱基分布进行分析。

① 碱基质量分布。碱基质量分布（Q-Score）能反应测序时的错误率，进而能确定本次测序的结果是否可靠。碱基质量分布的回馈是所得的分值，如果得分越高说明本次测序结果越可靠。Q20 和 Q30 的得分两者都能反应碱基质量分布，Q20 表示每测定 100 个碱基，会有一个出错；Q30 表示每测定 1000 个碱基有 1 个错误，这样就能计算本次测序的错误率。

② 碱基错误率分布。上机测序时，测序长度越长，出错率越高。前面的几个碱基出错率会很高，这可能就是引物的前几个碱基，一般要求错误率小于 0.1%。

③ 碱基含量分布。碱基含量分布能确定碱基的分离现象。本次测序用的随机六聚体引物会有碱基偏好性，每次测序都有结果得到的 AT 和 GC 含量基本相等，如果差异较大则说明碱基出现分离现象。

3. RNA-seq 测序数据从头组装

本次测序的样品没有比对的参考基因组。国际上针对无参考基因组的测序，要对测序结果从头组装，从头组装是将测序所得结果组装形成一个重叠群或一条完整的单条基因序列，从头组装可以用软件 Trinity 进行分析，它是目前该测序平台从头组装的一个比较权威的软件，可以完整的针对 RNA-seq 测序数据拼接。利用它对测序后所有短片段分析，并完成从头组装这一过程。该软件由两家公司 Broad Institute 和 Hebrew University of Jerusalem 合作研发。

4. RNA-seq 文库质量的评价

RNA-seq 文库质量评估可以直接影响后续测序过程能否成果，评估文库质量可以从 3 方面进行：

① mRNA 片段化是否具有随机性及 mRNA 是否被降解；

② 插入片段的离散性；

③ 文库容量大小评估。

5. RNA-seq 从头组装

Trinity 拼接组装后需要对其结果进行评估。一般要评估两次，分为初始组装和优化、组装。一般情况下是要优化以后才能评估。① 使用软件 TransRate、CD-HIT 进行优化过滤；② 使用软件 BUSCO（Benchmarking Universal Single-Copy Orthologs）进行组装评估。

6. 基因表达量分析

① Venn 分析：Venn 分析展示样本间或组别间共有和特有表达的基因或转录本，可简单呈现样本间相关性，同一组别样本表达基因或转录本的数目差别不应很大。（注：该项分析需要对表达的基因或转录本指定表达的指标，一般无参转录组中认为表达量>1，即认为该基因或转录本发生了表达）。

② 相关性分析：生物学重复样本之间的相关性分析，一方面检验生物学重复之间的变异是否符合实验设计的预期，另一方面为差异基因分析提供基本参考。相关系数越接近于 1，表明基因或转录本在样本间的表达量相似度越高，即样本间相关性越好。

7. 差异表达基因分析

差异表达分析过程是指分析处理那些基因表达量具有显著性差异的基因或具有显著性差异的转录本（Differentially Expressed Gene or

Transcript，DEG or DET）时，为获得这些基因和转录本的过程称为基因差异表达分析。

8. 差异表达基因 KEGG 注释

KEGG（Kyoto encyclopedia of genes and genomes）数据库可以对基因注释、联系基因之间的关系、分析差异表达基因的通路，可以更精确的挖掘基因功能。在生物体内，不同基因可通过相互作用或调节来完成其生物学功能，对差异表达基因的通路（Pathway）注释分析有助于进一步解读基因的功能。KEGG（Kyoto encyclopedia of genes and genomes）库可以系统地分析基因功能、联系基因组信息和功能信息的知识库。利用 KEGG 库，可将基因按照其参与的通路或功能进行注释分类，从而分析不同样品的差异表达基因可能与哪些通路的改变。

9. NR 数据库比对结果

NCBI_NR（NCBI 非冗余蛋白库）为综合数据库，其中包含 Swiss-Prot、PIR（Protein Information Resource）、PRF（Protein Research Foundation）、PDB（Protein Data Bank）等蛋白质数据库中非冗余的数据以及从 GenBank 和 RefSeq 的 CDS 数据库中翻译所得的蛋白质数据。通过与 NR 库的比对，可以查看本物种转录本序列与相近物种的相似情况，以及同源序列的功能信息。

### 2.7.2 花背蟾蜍基因的差异性表达

通过与 NCBI 比对后的物种注释分布图如图 2-9 所示，结果显示，花背蟾蜍与热带爪蟾的物种类别更加接近，有 38.32%同源基因；与人类有 8.81%同源基因；与家鼠有 5.91%同源基因；与褐家鼠有 2.28%基因同源；与麦奇钩吻鳟有 1.91%同源基因；与黑猩猩有 1.45%同源基因；与藏羚羊有 1.22%同源基因；与大黄鱼有 1.08%基因同源；与其他物种基因的同源性小于 1%。

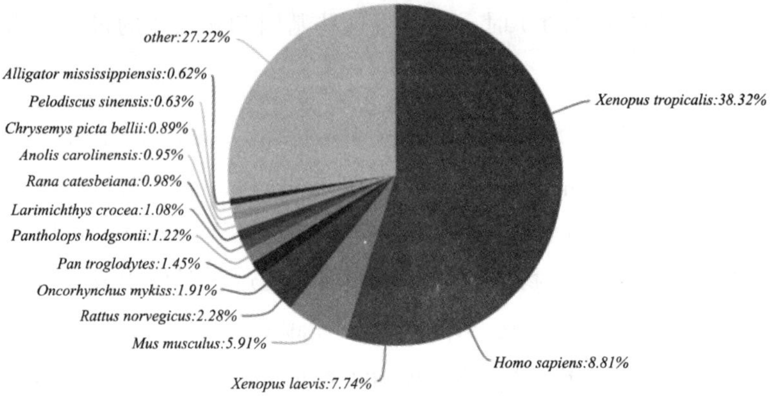


*Xenopus tropicalis*—热带爪蟾；*Homo sapiens*—人类；*Mus musculus*—家鼠；
*Rattus norvegicus*—褐家鼠；*Oncorhynchus mykiss*—麦奇钩吻鳟；
*Pan troglodytes*—黑猩猩；*Pantholops hodgsonii*—藏羚羊；
*Larimichthys crocea*—大黄鱼；*Rana catesbiana*—牛蛙。

图 2-9　测序样本与 NR 数据库对比后的注释物种分布图

### 2.7.3　细胞损伤与致癌相关基因分析

采集矿区栖息地湿地中的花背蟾蜍肝组织进行 RNA-seq 分析，与正常对照（采自保护区栖息地湿地）相比，我们一共发现了 2768 个差异表达的 unigene（FDR<0.05，|logFC|≥1），其中 1288 个表达上调，1480 个表达下调。

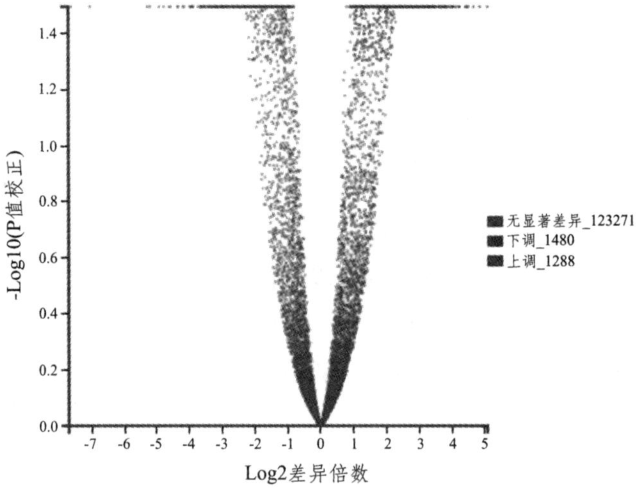


图 2-10　基因表达差异性火山图

1. COG 数据库对比

COG 为蛋白直系同源簇数据库，是选取 66 株已完成的基因组的蛋白质序列，根据系统进化关系分类构建而成。与 COG 数据库比对可以进行功能注释、归类以及蛋白进化分析。通过 DIAMOND 将转录组序列与 COG 数据库比对，可获得基因对应的 COG 和 NOG 功能归类。

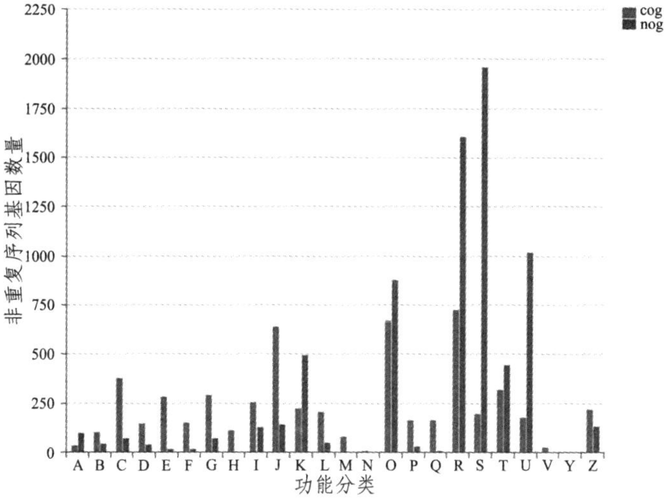


图 2-11　COG 分类统计图

COG 分类的统计图显示：就 COG 而言，J、O、R 的 unigene 数量最多为 643、669、729，这些基因的表达产物的功能分别是：J-参与翻译过程核糖体结构及生物起源；O-参与翻译后修饰、蛋白质的转换及作为分子伴侣等；R-仅一般功能预测。C、E、G、T 的 unigene 数相近，分别是 308、284、293、322，它们的表达产物的功能为：C-参与 ATP 的产生和转化；E-氨基酸的运输与代谢；G-糖类运输和代谢；T-参与细胞的信号转导。A、B、D、F、H、I、K、L、M、N、P、Q、S、U、V、Z 的基因数目相比前两者数目很小，分别是 34、106、148、152、115、259、227、208、83、8、168、165、201、180、28、221，表达产物参与的功能分别是 A-RNA 加工与修饰；B-染色质结构和动力学特征；D-参与细胞周期调控、细胞分裂、染色体分裂；F-核酸运输和代谢；H-47 辅酶运输和代谢；

I-脂质运输和代谢；K-参与基因转录；L-参与 DNA 复制、基因重组、DNA 修复；M-与细胞壁、细胞内膜、细胞膜的生源有关；N-与细胞活性有关；P-参与无机离子的代谢和运输；Q-参与次生代谢；S-功能未知；U-细胞运输；V-与机体免疫有关；Z-与细胞骨架有关。

就 NOG 值而言，unigene 数较多的集中在 R 和 S。O 和 U 中集中的 unigenes 也相对较多，数量分别为 882、1021。K 和 T 中的基因数分别为 227、322。NOR 字母与 COR 相同字母代表的功能相同。

2. KEGG 通路分析

KEGG（京都基因和基因组百科全书）是系统分析基因功能、联系基因组信息和功能信息的大型知识库。在生物体内，基因产物并不是孤立存在起作用的，不同基因产物之间通过有序的相互协调来行使其具体的生物学功能。因此，KEGG 数据库中丰富的通路信息将有助于我们从系统水平去了解基因的生物学功能。通过与 KEGG 数据库比对，获得基因或转录本对应的 KO 编号，根据 KO 编号可以获得某基因或转录本参与的具体生物学通路情况。

图 2-12 展示了基因参与的生物学通路情况，结果显示了本次测序结果基因可能参与 6 种大的代谢通路，它们分别是代谢、遗传信息处理、环境信息处理、细胞过程、生物体系统、人类疾病这 6 个方面。参与上述代谢通路的基因总数分别为：代谢-4794；遗传信息处理-3548；环境信息处理-4254；细胞过程-3594；生物体系统-5294；人类疾病-5707。

就代谢而言，与糖代谢有关的基因有 1272 条、与氨基酸代谢相关的基因有 1080 条、与脂代谢相关的基因有 1045 条。以上的代谢通路是基因数目最多的三条，其余通路的基因数均小于以上基因数：432 条基因富集在与糖合成和分解的代谢途径中；545 条富集到能源代谢途径中；651 条富集到与辅因子和维生素上。其他基因由于数量较少不做一一阐述。就遗传信息处理方面，与翻译过程相关的基因有 1539 条富集；与 DNA 复制和修复相关的基因有 392 条富集；与转录过程相关的基因有 555 条富集。就环境信息处理方面而言，与信号转导相关的基因有 3680 条；与膜转运相关的基因有 113 条富集;有 1056 条基因与信号分子的互作有关。就细胞过程方面而言，与细胞生长和死亡的基因有 983 条富集；与细胞活力有关的基因有 458 条富集；与运输和分解代谢有关的基因有 1756 条富集；与细胞群体有关的基因有 1274 条。就生物系统方面而言：有 2060 条基因与免疫系统相关；有 1664 条基因与内膜系统有关；有 1221 条基因与神经系统有关；956 条富集到消化系统的通路中；556 富集到与发育相关的通路中；416 条基因富集到年龄组成上。其他基因不做具体分析，可以从图 2-12 的结果中得出。

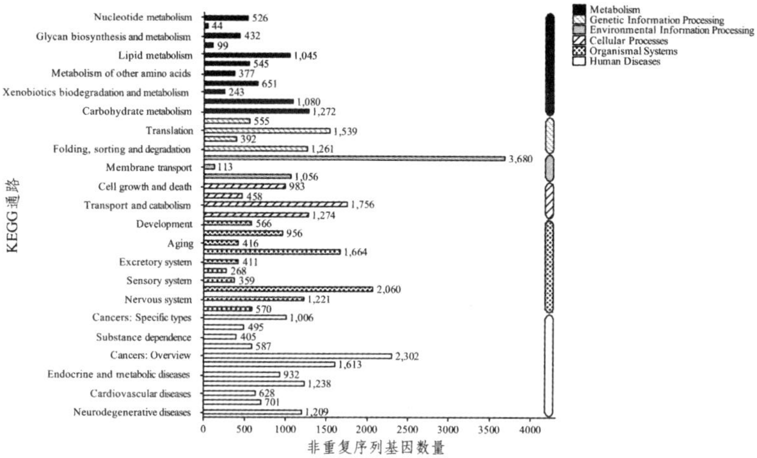


纵坐标—KEGG 代谢通路的名称；横坐标—注释到该通路的基因/转录本数目；Metabolism—代谢。

图 2-12　KEGG 通路分布统计图

3. 肝癌差异表达基因筛选

根据测序结果统计，本次所得结果中可能与肝癌发生相关的基因有 65 条，这些基因的表达产物参与的通路可能与内质网应激、DNA 修复、细胞分裂等有关。统计了它们的基因长度及转录本数，对其发挥功能也进行了阐述。我们摘录了 10 条数据呈现在表 2-10 中。

表 2-10　差异表达基因筛选

| 基因简称 | 基因描述 | 基因长度/bp | 转录本总数 |
| --- | --- | --- | --- |
| *HSP90B* | PREDICTED: endoplasmin | 3425 | 2 |
| *CTSL* | unnamed protein product, partial | 1558 | 6 |
| *FLT3LG* | fms-related tyrosine kinase 3 ligand isoform X1 | 1593 | 4 |
| *IGF2* | insulin-like growth factor Ⅱ isoform X2 | 3158 | 1 |
| *RAD51* | DNA repair protein RAD51 | 1734 | 1 |
| *DOT1L* | Methyltransferase, H3 lysine79 specific | 6525 | 7 |
| *HNRNPK* | heterogeneous nuclear ribonucleoprotein K | 3582 | 4 |
| *ACTB_G1* | Actin, cytoplasmic 1 | 844 | 2 |
| *CASP9* | Casp9-A protein | 1793 | 1 |
| *pfkA, PFK* | Phosphofructokinase, platelet type isoform X5 | 3031 | 1 |

## 2.8　两栖类生长环境调控

水产养殖生物的健康与水质的优劣关系密切。当养殖水体的水质恶化时，会给水产养殖带来不可估量的经济损失和环境风险。因此通过对水质的调控，可使水产养殖业有更好的发展。一般而言，调控水质需以下方面的要素：

① 物理方面：水色，水体透明度和水温；

② 化学方面：水体酸碱性，盐类与溶解氧量；

③ 生物方面：各生物之间的争夺等。

### 2.8.1　水色调控

① 淡绿色水色培育措施：培育方法为首先用生石灰干法清理养殖水塘，改变其酸碱环境后投放牲畜粪便制成的肥料培育浮游生物。若水色变深，则可用 EM 原液调 pH；

② 茶褐色水色保持措施：施加牲畜类粪肥，具体用量根据情况所定，达到保持水体肥度的目的。施加生物有机肥水王，主要为固氮菌等有益

菌组成，达到水体藻、菌平衡的目的。施加氨基酸肥水素，主要成分为有机质、活性肽等，达到为有益微生物提供营养，抑制有害微生物的产生的目的；

③ 深绿色水色调优措施：加入新鲜水，水中加入沸石粉，水体中加入活水养水宝，即为壳聚糖、柠檬酸肽等；

④ 蓝绿色水色改良措施：减少饲料投放，进行人工捞藻和在水体中加入蓝藻宁，达到抑制水体富营养化的目的；

⑤ 红色水色解救措施：换水，在水体中加入季铵盐络合碘、清水解毒灵、丰氧 120；

⑥ 黑色水色消除措施：加新鲜水，增加水体溶解氧，在水中加入底改颗粒、底改活菌颗粒、高酶净水素。

### 2.8.2 水位调控

水位调节主要是调控水体温度，根据季节的不同，养殖生物的生长情况的不同调节水位的高度达到调节水体温度的目的。如中国大鲵所适宜的水温在 15℃到 22℃的范围内，且其生活的水体温度变化控制在 3℃内最优。尤其在夏季，水体温度变化大，进行适当的水位调节，可改变水温使水产生物处于适宜温度中。

### 2.8.3 化学因子调控

化学因子影响着水质环境，尤其是酸碱性、溶解氧等，pH 偏低会腐蚀水产生物鳃组织，使其坏死；pH 太高会使蛋白质变性，无法呼吸。如中国大鲵对水环境要求较高，它适宜在水环境 pH 6.6 ~ 7.7 范围内生存，且中国大鲵适宜在高溶解氧环境中生存。常见的化学方法有氧化、混凝、离子交换、化学消毒等，可通过加入生石灰或漂白粉调控水体酸碱度过低的状况，加入石膏、酸调控水体酸碱度过高的情况。使用制氧机增加水体溶解氧量，也可提前加入沸石粉增加溶解氧。氨氮对水产生物有很大的毒性，因此调控水体中氨氮的含量也很重要。调控水环境中氨氮的措施有：开始养殖时，清理水池和淤泥，科学规划养殖密度，控制有机肥的用量，合理投放饲料并使用增氧机增氧。定期测定氨氮指标，达到监控的目的，后期可使用沸石粉降低氨氮含量。可使用硝化细菌、强氧化剂增氧达到消除亚硝酸盐对水生生物的危害。对已经发生硫化氢超标的水体，可使用硫酸亚铁和生石灰或用大量氧化剂强制氧化。

### 2.8.4　生物因子调控

可根据不同的养殖生物选择不同的生物调控措施。可种植改善水质的植物调节水质，如浮游植物可通过光合作用增加水体溶解氧量，同时减少氨氮等有害物质的产生，可抑制致病微生物的生成。有益活性微生物制剂可减轻有机物的污染，抑制有害菌群的生长与繁殖。

### 2.8.5　物理方法调控

根据养殖地的特点，可通过换水、沉淀、过滤、泡沫分离、吸附等方法去除有害物质。该方法要考虑到人工、资源等成本因素。

### 2.8.6　施肥量调控

有些水产养殖生物以浮游生物为食，因此定期在水体中投放肥料保证其饵料的充足。可采用挂带施肥方式，其优点为长期性和可控制性，可根据水体透明度决定施肥量和施肥次数。

### 2.8.7　养殖密度调控

养殖水体范围有限，若养殖水体中养殖动物密度过大，会使养殖生物之间进行斗争，大量生物死亡，水质恶化，从而影响水体养殖的经济效应。可根据不同养殖动物和养殖地的范围决定养殖密度。

### 2.8.8　科学投放饲料调控

饲料因素主要在于饲料中含有抗营养因子导致饲料不能被完全的吸收利用而产生环境污染。因此要做到定时、定点投喂，可根据养殖动物的食量和残余的饵料更改投放时间与地点。投喂鱼类等大型饵料时，将其清洗后投喂，对水环境更为友好。

### 2.8.9 动物因素调控

动物因素主要是动物的粪便造成的环境污染，其对环境的污染主要为：① 土壤的营养累积；② 水体的营养富集；③ 臭味和有害气体。可通过营养来调控动物养殖的环境污染问题。具体措施为选择适合养殖动物的优良饲料，科学搭配针对具体动物的饲料成分。添加如酶制剂、益生素等特殊的调控剂。改变饲养方式，如阶段饲养和公母饲养。改进饲料加工工艺，减少饲料的过度投放，使饲料利用率提升。

现如今，提倡智慧生活，对于养殖环境调控的研究中已有将智能、大数据利用在环境调控中。环境精细调控设备应用在动物养殖中，利用监控设备和大数据分析，采用自动化模式智能调控适宜养殖动物的生长发育环境。但其存在弊端，生物具有复杂性和可变性，只依靠经验所得的数据模型调控养殖环境并不适用所有生物。

## 2.9 人工湿地对两栖类生存环境的调控

人工湿地（Constructed wetland，CW）是一个为了人类利益通过模拟自然湿地人为设计与建造的由饱和基质、挺水与沉水植被、动物和水体组成的复合体。人工湿地作为 20 世纪 70 年代发展起来的一种新型污水生态处理技术，以其投资少、建设运营的成本低、净化效果好、去污能力强、使用寿命长、工艺简单、组合多样化等优点，现在世界各地得到了广泛的应用，并应用到了各个行业，如奶品加工、矿山废水、造纸废水、入湖污水前处理、垃圾场渗滤液、药物废水和农田灌溉水前处理等，均取得了较好的效果。在中国关于人工湿地的研究起步较晚，1990 年 7 月我国成功构建了第一个人工湿地污水处理工程——深圳白泥坑人工湿地污水处理系统，该湿地占地面积 12.6 亩，位于深圳市宝安县平湖镇东南，距深圳市中心约十千米，地处东深供水工程流域内，能对城市生活污水进行可靠的二级处理。人工湿地投资成本低，运行过程中耗能少甚至不耗能，因此，运转与维护费用低。它可以形成一个独立的生态系统，具有很强的吸附过滤效果，抗冲击负荷能力强，出水水质稳定，而且对部分重金属也有很好的去除效果。

### 2.9.1　人工湿地的研究现状

在过去的60年间，传统的集中式污水处理系统已被视为控制水污染的最佳方法，在很大的程度上，这种集中解决的方法是非常卫生并非常有效的。然而，从长远来看中国的水资源污染仍然非常严重。这种集中型污水处理技术现已被证明是相当有限的，它能否为中型和小型的城市或直辖市所广泛使用，引来了越来越多的争议。

人工湿地污水处理系统由于其成本低，节省能源，在全世界其他地方已被证明是一个稳定的可替代原始污水处理技术的好方法。此外，人工湿地还是一个多用途的高品质优势污水处理系统，具有自我修复和自我适应周围条件和环境的能力。

人工湿地的一般工艺流程包括预处理、水生植物池和集水排水3大部分，如：原污水→格栅→污水集水池→植物池A→植物池B→集水池→回用或排放水体。其中起主要净化作用的是水生植物池，因此几乎所有的研究都是在水生植物池中进行。根据污水在湿地床中流动的方式可分为3种类型：垂直流人工湿地（Vertical flow constructed wetland，VFCW）、潜流式人工湿地（Subsurface flow constructed wetland，SSFCW）和表面流人工湿地（Surface flow constructed wetland，SFCW）。构建者为了获得更好的去污效率，常常根据污染物组分的不同和主要污染物浓度的大小选用适宜的湿地类型、填充基质、水生植物、水力停留时间和水力负荷度等，来研究不同地域受污水质的净化效果。

#### 1. 人工湿地基质的种类

基质又称填料，是人工湿地中植物和微生物生长的载体，主要通过吸附沉降，基质表面生物膜和微生物共同作用去除废水中的污染物。根据需要将不同粒径的材料，按照一定的厚度铺设成人工湿地床体。土壤、砂和砾石是传统的人工湿地基质，近年来沸石、石灰石、页岩、明矾、塑料和陶瓷等具有优良性能的材料被广泛应用。目前，对于基质种类的研究主要集中在基质间的组合和基质的改进。有学者将沸石和铝土矿按1∶1组合，对污染物的去除率高于单一的沸石或铝土矿。研究设计的人工湿地使用了砾石和页岩的组合，学者们对比了沙子、土壤和泥炭及其配比组合对污水中总有机碳的去除影响，发现释放出碳的含量由大到小依次为：沙子，土壤-泥炭混合基质，土壤，沙子-土壤混合基质，沙子；对污水中总有机碳的去除率由大到小依次为：土壤，沙子-土壤混合基质，沙子。

2. 人工湿地基质的选择依据

基质是影响人工湿地中水力性能、植物生长和系统堵塞的重要因素。影响基质选择的因素包括基质粒径、孔隙率、水力传导率、化学特性和产生的二次污染问题等。粒径越大的基质，其孔隙率和水力传导率也越大。在实际工程中，应针对不同污水水质和基质本身特性，本着就近取材的原则选用适当的基质。而有些基质，如高炉矿渣、钢渣，虽然对污水净化效率较高，但可能会造成二次污染，因此需慎重选用。随着对基质研究的深入，基质对磷的吸附效率成了影响基质选择的因素之一。

3. 人工湿地植物的种类

20世纪60年代以来，国内外开始采用植物进行污水治理。根据植物的生长形式，可以将人工湿地中的植物分为浮水植物（浮萍（*Lemna minor*）、风信子（*Hyacinthus orientalis*）和凤眼莲（*Eichhorniacrassipes*）、挺水植物（芦苇（*Phragmites australis*）、香蒲（*Typha orientalis*）和小叶章（*Deyeuxtia angustifolia*））和沉水植物菹草（*Potamogeton crispus*）等，国内外最常选用的人工湿地植物种类是灯心草（*Juncus effusus*）、香蒲和芦苇，近年来在植物选种方面也开展了一些相关的研究工作。

国内外对人工湿地植物的研究主要集中在植物对营养性污染物、有机物、重金属和有毒有害物质的去除，以及不同植物的组合对污染物的去除效果。后者是目前人工湿地植物研究的热点。在温度低的情况下，香蒲和苇间隔种植对人工湿地去除污染物更为有利。研究显示种植莎草（*Cyperus haspen*）、灯心草（*Juncus alpigenus*）和香菇草（*Hydrocotyle vulgaris*）的循环垂直流人工湿地系统可以较好地处理生活污水。表面流湿地中采用的植物组合有荇菜（*Nymphoides peltotum*）和水鳖（*Hydrocharis dubia*）、慈姑（*Sagittaria trifolia*）和藨草（*Scirpus triqueter*）、大漂（*Pistia stratiotes*）和芡实（*Euryales feroxt*）、茭白（*Zicania latifolia*）和黑三棱（*Sparganium stoloniferum*）；潜流湿地采用的植物是泽泻（*Alisma plantago-aquatica*）和千屈菜（*Lythrum salicaria*）组合。

4. 人工湿地植物选择的原则

不同植物种类在营养吸收能力、根系深度、氧气释放量、生物量和抗逆性等方面存在差异，并且不同季节的植物以及植物的收割次数对污水的净化能力也是不同的。前人研究显示广阔的根系环境可以提高对氮的去除率，不同植物的净化差异在冬季最为显著，在其生长和休眠期茎叶对根部输氧能力影响污水处理，芦苇和菰（*Zizamia latifolia*）、水甜茅（*Glyceria matima*）适合于处理低浓度废水的人工湿地。同时，很多学者提出了筛选植物的原则，可以概括为以下几点：

（1）植物的适应性。植物耐受污染物和高度富营养化水体的能力强，抗逆性强（抗冻、抗热和抗病虫害能力强），以乡土植物为主；

（2）植物的生长力强。在湿地环境中，植物能够繁殖、建群、扩展和生长，生物量较大，生长周期长，根系发达；

（3）景观性。选择的植物应与周围的景观融合一体，具有观赏价值；

（4）多样性。尽量设计多种植物组合去污，做到物种间的合理搭配；

（5）经济性。种植经济价值高的植物；

（6）易于管理。选用易于管理的植物，避免造成二次污染。

### 2.9.2 人工湿地构建与运行

人工湿地规格为 18 m×15 m×1 m（长×宽×高），填充了 20 cm 厚的未污染同质土壤作为湿地基质。运行过程中水体深度为 0.5 m，水力停留时间为 3 d，种植的湿地植物为狭叶香蒲（*Typha angustifolia*）。利用构建的人工湿地对某工业区重要河流湿地两栖类栖息地水体进行处理。

1. 第一年水质净化效果

人工湿地运行第一年，所检测的几种污染物质的含量从 4 月至 9 月间并没有一致的规律可循。推测主要原因是本研究实验地地处工业城市，在上游沿途有诸多的化工厂、金属冶炼厂、石油加工厂等每天排放大量的工业污水。还有其他一些污染严重的支流汇入，沿途有大片的农业用地，大量的农田径流汇入保护区栖息地，另外还有其他一些面源污染，如暴雨径流等等。这些污染源与其排放的污染物种类庞杂，排放量大，排放时间又极不规律。下游的水质受这些因素的影响较大，因此，保护区栖息地湿地水中各类污染物质的即时浓度一直处于一种动态变化当中。在第一年度同月间相比，人工湿地处理水中的各类污染物质含量要显著低于处理前工业区湿地栖息地湿地水中，显示出人工湿地可以高效的降低受污栖息地湿地水中的重金属 Cu、Zn、Pb 和 Cd，及 $COD_{cr}$、$BOD_5$、VP、TN 和 TP 等各类污染物质含量。

表 2-11 汇总了某工业区河流湿地（YR）和人工湿地（CW）水样中主要污染物的浓度。在整个实验期间，CW 湿地水中的重金属浓度远低于 YR 湿地。CW 对 Cd、Cu、Pb、Zn 的平均去除率分别为 86.4%、61.7%、82.9%、76.7%（即 Cd>Pb>Zn>Cu），表明 CW 对 YR 水中的重金属有较好的去除效果。重要的是，所有研究的重金属的浓度均被 CW 降低到中国地表水环境质量标准（GB 3838—2002）Ⅲ级以下，证实 CWs 对去除污染废水中的重金属是有效的。此外，从本实验结果可以看出，由于 YR 水体污染状况以及湿地植物狭叶香蒲的生长周期的不同，CW 对重金属的去除效率也会有所不同。即在Ⅲ-Ⅴ阶段，去除效率相对低于Ⅰ-Ⅱ阶段，这归因于后期狭叶香蒲生长相对缓慢，生物量日增加量逐渐较少，这已被前人的研究证实。

表 2-11　人工湿地运行第一年水质净化效果

| 水质指标 | | 4月 | 5月 | 6月 | 7月 | 8月 | 9月 |
|---|---|---|---|---|---|---|---|
| Cu /（μg/L） | YR | 21.1±3.7 | 18.2±4.4 | 12.8±3.1 | 10.3±1.7 | 12.2±2.1 | 16.3±3.5 |
| | CW | 7.2±1.8 | 6.3±2.1 | 5.7±0.9 | 4.3±1.2 | 5.1±1.4 | 6.3±0.8 |
| Zn /（μg/L） | YR | 32.6±3.4 | 58.1±4.9 | 16.9±1.8 | 15.6±2.0 | 14.0±4.1 | 45.0±5.9 |
| | CW | 6.4±0.39 | 9.6±0.52 | 5.9±0.7 | 4.3±0.3 | 3.4±0.8 | 7.0±1.6 |
| Pb /（μg/L） | YR | 46.7±3.8 | 42.6±4.2 | 39.7±5.3 | 29.3±3.8 | 42.0±7.3 | 26.0±2.7 |
| | CW | 6.3±1.5 | 6.4±0.8 | 6.8±2.0 | 5.8±0.7 | 9.0±2.5 | 3.1±1.0 |
| Cd /（μg/L） | YR | 2.8±0.6 | 2.5±0.3 | 2.1±0.4 | 1.3±0.2 | 2.2±0.3 | 1.8±0.4 |
| | CW | 0.3±0.1 | 0.3±0.1 | 0.3±0.1 | 0.2±0.1 | 0.4±0.1 | 0.2±0.1 |
| DO/（mg/L） | YR | 8.85±0.05 | 7.75±0.35 | 6.92±0.02 | 6.65±0.17 | 7.35±0.02 | 7.74±0.14 |
| | CW | 11.98±0.04 | 10.65±0.35 | 10.01±0.03 | 10.10±0.26 | 10.54±0.16 | 11.40±0.25 |
| BOD5 /（mg/L） | YR | 17.54±1.35 | 17.89±1.03 | 13.00±0.77 | 17.39±1.09 | 14.51±1.08 | 16.56±1.25 |
| | CW | 4.26±0.32 | 3.91±0.34 | 3.76±0.95 | 4.74±0.95 | 4.36±0.53 | 4.84±0.39 |
| CODCr /（mg/L） | YR | 34.64±4.08 | 28.98±3.27 | 31.22±2.66 | 32.71±2.43 | 32.65±5.30 | 34.69±0.81 |
| | CW | 7.13±1.08 | 7.55±1.02 | 9.18±1.43 | 8.47±3.22 | 10.20±2.04 | 11.43±1.23 |
| VP /（μg/L） | YR | 4.48±0.37 | 6.72±0.38 | 5.69±0.09 | 5.04±0.56 | 3.36±0.59 | 3.92±0.19 |
| | CW | 0.93±0.18 | 1.70±0.02 | 1.12±0.10 | 1.27±0.07 | 0.90±0.04 | 0.80±0.02 |
| TP /（μg/L） | YR | 145±11 | 143±11 | 117±9 | 115±6 | 129±5 | 103±3 |
| | CW | 76±3 | 81±7 | 64±4 | 59±3 | 66±4 | 62±3 |
| TN /（mg/L） | YR | 5.71±0.90 | 3.33±0.26 | 5.76±0.48 | 4.69±1.01 | 5.47±0.27 | 3.96±0.39 |
| | CW | 3.07±0.40 | 1.89±0.08 | 2.54±0.41 | 2.14±0.19 | 3.33±0.14 | 2.26±0.39 |

YR—某工业区河流湿地；CW—人工湿地。

表 2-12 显示了第一年度人工湿地对不同污染物的去除率，各种污染物的总去除率的大小顺序为 Cd>Pb>Zn>VP>$BOD_5$>$COD_{Cr}$>Cu>TN>TP。四种重金属的总去除率均在 60%以上，其中危害性最大的 Pb 和 Cd 的去除率最高，均达到了 80%以上。对 VP、$BOD_5$ 和 $COD_{Cr}$ 也有着较高的去除率，对 TP 和 TN 的去除效率相对较低，结果显示人工湿地在运行的第一年度对受污栖息地水体有着良好的净化调控效果。

表 2-12　人工湿地运行第一年主要污染物净化率

| | 4 月/% | 5 月/% | 6 月/% | 7 月/% | 8 月/% | 9 月/% | 平均去除率/% |
|---|---|---|---|---|---|---|---|
| Cu | 65.88 | 65.38 | 55.47 | 58.25 | 58.20 | 61.35 | 60.76 |
| Zn | 80.37 | 83.48 | 65.09 | 72.44 | 75.71 | 84.44 | 76.92 |
| Pb | 86.51 | 84.98 | 82.87 | 80.20 | 78.57 | 88.08 | 83.54 |
| Cd | 89.29 | 88.00 | 85.71 | 84.62 | 81.82 | 88.89 | 86.39 |
| BOD5 | 75.74 | 78.14 | 71.11 | 72.72 | 69.98 | 70.77 | 73.08 |
| CODcr | 79.41 | 73.94 | 70.59 | 74.09 | 68.75 | 67.06 | 72.31 |
| VP | 79.17 | 74.69 | 78.69 | 74.81 | 73.33 | 79.52 | 76.70 |
| TP | 47.36 | 43.55 | 45.56 | 48.85 | 48.64 | 39.45 | 45.57 |
| TN | 45.76 | 43.35 | 55.91 | 53.84 | 39.09 | 42.71 | 46.78 |

## 2. 第二年水质净化效果

表 2-13　人工湿地运行第二年水质净化效果

| 水质指标 | | 4 月 | 5 月 | 6 月 | 7 月 | 8 月 | 9 月 |
|---|---|---|---|---|---|---|---|
| Cu /（μg/L） | YR | 29.8±4.1 | 25.0±3.1 | 45.0±4.0 | 17.0±2.0 | 23.0±2.4 | 38.6±3.4 |
| | CW | 13.2±1.3 | 9.0±1.4 | 16.0±2.0 | 6.0±0.0 | 9.0±1.0 | 10.3±2.1 |
| Zn /（μg/L） | YR | 124.8±15.1 | 98.0±10.5 | 286.0±13.4 | 43.0±3.7 | 20.0±2.4 | 34.8±5.4 |
| | CW | 42.3±3.1 | 29.0±0.0 | 108.0±7.5 | 12.0±2.5 | 7.0±1.4 | 11.4±2.4 |
| Pb /（μg/L） | YR | 55.5±7.6 | 45.0±5.7 | 63.0±6.0 | 76.0±6.0 | 35.0±4.0 | 39.5±5.8 |
| | CW | 11.3±1.4 | 12.5±1.3 | 13.8±0.8 | 14.6±1.3 | 8.0±1.5 | 14.8±2.1 |
| Cd /（μg/L） | YR | 19.2±1.2 | 13.1±0.6 | 14.0±1.0 | 18.0±2.0 | 22.0±2.4 | 15.3±1.54 |
| | CW | 7.3±0.3 | 5.2±0.2 | 4.0±0.0 | 6.0±0.0 | 0.0±0.0 | 6.1±0.3 |
| BOD5 /（mg/L） | YR | 30.94±4.25 | 42.84±7.31 | 68.13±6.79 | 37.97±9.07 | 21.85±4.36 | 33.50±8.21 |
| | CW | 6.14±1.25 | 19.01±3.27 | 59.83±5.80 | 18.89±6.83 | 7.27±4.21 | 4.83±4.32 |
| CODcr /（mg/L） | YR | 84.35±6.48 | 77.55±7.33 | 73.47±6.28 | 67.24±5.33 | 52.97±5.72 | 67.77±9.35 |
| | CW | 45.62±6.52 | 37.63±3.43 | 24.49±2.01 | 20.37±1.69 | 24.45±2.46 | 20.37±1.75 |
| VP /（μg/L） | YR | 6.24±1.31 | 4.48±0.41 | 16.79±1.15 | 5.6±0.47 | 4.11±0.55 | 5.84±0.85 |
| | CW | 1.41±0.15 | 1.87±0.16 | 3.73±0.44 | 2.61±0.23 | 1.12±0.36 | 2.04±0.26 |

续表

| 水质指标 | | 4月 | 5月 | 6月 | 7月 | 8月 | 9月 |
|---|---|---|---|---|---|---|---|
| TP / (mg/L) | YR | 0.11±0.02 | 0.12±0.01 | 0.15±0.02 | 0.19±0.03 | 0.16±0.01 | 0.19±0.05 |
| | CW | 0.03±0.01 | 0.06±0.01 | 0.04±0.01 | 0.05±0.01 | 0.03±0.00 | 0.04±0.01 |
| TN / (mg/L) | YR | 7.03±2.05 | 6.44±0.67 | 7.86±0.56 | 7.44±1.98 | 7.17±0.36 | 6.56±1.30 |
| | CW | 2.87±0.57 | 1.99±0.12 | 2.03±0.49 | 5.05±0.51 | 1.83±0.25 | 2.08±0.34 |

表 2-13 总结了人工湿地运行第二年 6 个月人工湿地处理后和未处理保护区栖息地湿地水中主要污染物含量对比，整体而言，在保护区栖息地湿地水中除了 Zn 和 TN 的含量有所浮动外，其他四种污染物质的含量是逐月下降的，这可能是由于从四月到七月之间，保护区栖息地湿地水量增加，对其中的污染物质有一定的稀释作用的原因。其中 Pb 和 Cd 的含量较第一年度有了大幅度的提高。

表 2-14　人工湿地运行第一年主要污染物净化率

| 指标 | 4月/% | 5月/% | 6月/% | 7月/% | 8月/% | 9月/% | 平均去除率/% |
|---|---|---|---|---|---|---|---|
| Cu | 55.71 | 64.00 | 64.44 | 64.71 | 60.87 | 73.32 | 63.84 |
| Zn | 66.11 | 70.41 | 62.24 | 72.09 | 65.00 | 67.24 | 67.19 |
| Pb | 79.94 | 72.22 | 78.10 | 80.79 | 77.14 | 62.53 | 75.12 |
| Cd | 61.98 | 61.54 | 71.43 | 66.67 | 100.00 | 60.13 | 70.46 |
| BOD5 | 80.16 | 55.63 | 13.66 | 50.24 | 66.75 | 85.76 | 58.36 |
| CODcr | 45.92 | 55.40 | 66.67 | 69.70 | 53.85 | 69.94 | 60.25 |
| VP | 55.63 | 58.26 | 77.78 | 53.58 | 72.75 | 65.07 | 63.84 |
| TP | 72.73 | 47.45 | 72.20 | 76.10 | 78.84 | 78.95 | 71.05 |
| TN | 59.03 | 69.08 | 74.16 | 32.13 | 74.45 | 68.29 | 62.86 |

从表 2-14 中可以看出在人工湿地运行第二年度，营养元素 N 和 P 的去除率与第一年度相比有所升高，重金属 Cu、Zn、Pb 和 Cd 的去除率与第一年度相比有所下降，四种重金属的总去除率均在 60% 以上，其中危害性最大的 Pb 和 Cd 的去除率最高，均达到了 70% 以上。对 VP、$BOD_5$、

$COD_{Cr}$、TP 和 TN 也有着较高的去除率，结果显示了人工湿地在第二年度良好的去污效果。污染物的去除率与湿地植物的生长速率、吸收污染物的能力、基质的吸附效果及当时的天气等均有很大关系。

### 2.9.3 环境调控效果生物监测技术

生物监测技术诞生于 20 世纪初，是利用生物个体、种群或者受到环境污染后，种群的变化或反应，从生物学角度，对环境污染状况进行检测或评价的学科。生态系统与生物学理论是生物监测的理论基础。生物与其生活的生态环境存在着密切的联系，当污染物进入到环境中时，环境中的污染物会在生物体中发生迁移、转化，引起生态系统中各级生物在环境中的分布、生态发育、生理状况等发生改变。生物监测就是利用环境污染对生物造成的这些变化来度量和反应环境污染的状况和程度。

当空气，水体，土壤等环境要素受到污染后，生物在吸收营养的同时，也吸收了污染物，并在体内迁移，积累，从而遭受污染。受到污染的生物，在生态，生理和生化指标，污染物在体内的行为等方面会发生变化，出现不同的症状或反应，利用这些变化来反应和度量环境污染程度的方法称为生物监测法。生物监测是系统地利用生物的组分、个体、种群或群落对环境污染或环境变化所产生的反应，从生物学的角度来评价环境的变化，并将其信息应用于环境质量控制程序中，为环境质量的监测和评价提供依据。

1. 生物监测的优点

在水质监测中，理化监测有速度快、简单方便等优点，但是仍有一定的局限性，主要表现在无法反映污染综合性及其对生物毒性的影响。而长期、连续的生物监测比理化监测定期取样监测更能反映环境质量变化的全貌。生物监测具有时效性、综合性和敏感性，能反映整个时期中环境因素改变的情况，以及各环境因素变化的协同和拮抗作用的结果。所以在监测环境质量上，生物是一个理想的监测工具。与物理化学的监测方法相比，生物监测具有理化监测不具备的一些优点，如下所述。

（1）综合性。生物监测能较好地综合的反映环境质量状况，可直观的看到污染毒性造成的危害。环境问题是相当复杂的，某一生态效应常是几种因素综合作用的结果。每种污染因子并非都是单独起作用的，当不同的污染因子同时作用于生物机体时，有可能产生相加，相乘或拮抗的作用，是生物体的受害程度较单因子加重或减轻。物理和化学监测常常反映不出这种关系，而生物监测是利用生物个体、种群或群落对环境污染状况进行监测，生物在环境污染中承受的是各种污染因子的综合作用。因此，生物监测能更真实更直接的反映环境污染的客观状况。

（2）连续性。用物理和化学监测的方法可快速而精确的测得某空间内许多环境因素的瞬时变化值，但却不能以此来确定这种环境质量对长期生活于这一空间内的生命系统影响的真实情况。生物监测具有这种优点，因为它是利用生命系统的变化来指示环境质量，而生命系统各层次都有其特定的生命周期，这就使得监测结果能反映出受污染或生态破坏累计结果的历史状况。长期生长在污染环境中的抗性生物，还可以持续的记录污染在一段时间内对生物体的累积效应、转化动态以及解毒机制等，具有连续监测的功能。

（3）功能性。一般物理和化学仪器的专一性很强，如：测定 $O_3$ 的仪器不能监测 $SO_2$，测定 $SO_2$ 的也不能监测 $C_2H_4$。监测生物却能通过指示生物的不同反应症状，分别监测多种干扰效应和污染物毒性效应。

（4）高灵敏性。对污染物灵敏的生物，其生理学及生态学的反应能够及时、灵敏的反映较低水质的环境污染，提供环境质量的现实信息。甚至有些精密仪器无法测定的毒物含量，在某些灵敏性高的生物体内可以反映出非常明显的症状。

2. 生物监测的局限性

国内外科技工作者对生物监测做了大量深入的研究，并对研究成果作了定量或定性分析。这些工作不仅为水质生物监测积累了丰富资料，同时对水质的生物监测实践提供了可靠的理论依据，也为以后的研究者提供了一定的研究思路和理论导向，但从整体上看，生物监测在理论与方法上都有许多难题亟待解决，这些缺陷与不足使得生物监测在实际应用过程中受到一定的限制。

（1）地域差异大，可行度较差。生物分布有很大的地域性，同类生态系统中同种生物在不同地域对污染物的耐受性是不一样的，且生物不同的生长阶段对污染物也有不同反应。这些特点决定了在设计生物监测方案时不仅要考虑被监测水体的特征，还要根据生态系统中各种类的变异性来选择合理的测试频率，同时要考虑增加测试的样本数量，以提高监测结果可信度。

（2）环境标准制定难。虽然生物监测能客观真实地综合反映环境状况和污染对生态系统的影响，但由于方法本身和技术的限制，对于如何选择受试生物及其代表性，以及生物测试的理化条件、测试参数等问题还一直存在着争议。生物监测方法有统一的地方性或国家级环境标准的指标极少，限制了生物监测作为环境监测的标准方法来应用，而只能作为一种先导性的监测方法。

（3）室内控制实验较多。关于水体污染和生物监测的试验大多是在人工控制室内环境下进行模拟试验，与野外复杂的水生生态环境有一定差别，应将实验室研究与野外实地调查研究尽可能地结合起来。

（4）反应相对迟钝。生物监测不能像理化检测那样迅速的做出反应，系统受污染后的效应往往在初期不易测出，或得到监测结果的速度较慢，往往需要对生物系统的反应进行统计分析后才能得出结论。尤其是低浓度水体污染物在短期内的生物学效应不明显，但它对水生生态系统有潜在、长期的危害，最终也能导致种群结构、特性、物种个体的生理、遗传等方面发生变化。因此，慢性毒性试验结果及其对水生动物和其他水生生物潜在的、长期的影响值得进一步研究。

（5）定量分析难度大。由于受到试验条件、技术分析方法等制约，水体生物监测无法做到准确定量，不能对水生动物各种生理、生化变化原因进行定量分析。必须借助化学方法才能建立起污染物的剂量效应关系，它通常反应的只是环境中各污染物所反映出来的总体生物毒性水平。因此生物监测方法应该与理化检测方法相结合，这样不仅能够对污染物的性质和浓度进行检测，而且能够对污染物引起的生物学综合效应做出恰当评价。

（6）影响因素多。由于影响生物学过程的不仅仅是环境污染因素，还有许多非污染因素。外界复杂的环境因子很容易影响生物监测结果的准确性和生物检测性能。

### 2.9.4 人工湿地对两栖类的保护作用

记录了水环境中蟾蜍的 DNA 损伤水平、重金属富集因子、肝脏系数、氧化应激水平和生理指标，并与 YR 水环境中的蟾蜍进行了比较，以评价水环境对蟾蜍发育的影响。

1. 人工湿地对两栖类生物富集的影响

研究样地同上，YR 和 CW 湿地基质样品中 Cd、Cu、Pb 和 Zn 的浓度见表 2-15。除 Pb 外，YR 污泥样品中的 HM 浓度均显著高于 CW 基质样品，且 YR 的 HM 浓度在任何时期都没有显著变化，说明 YR 基质中的 HM 浓度经过长时间的积累已经达到平衡，并且不会轻易受到 YR 水质变化的影响。沉积物中 HM 的积累和植物在 CW 中的吸收是降低 CW 水体中 HM 浓度的两个重要机制，本研究中，CW 沉积物中 Cu 和 Pb 的浓度除Ⅰ～Ⅱ期之间外在整个实验期间随时间变化不大，Cd 和 Zn 的浓度随时间显著增加（$P<0.05$），表明这些 HMs 在 CW 沉积物中富集效果明显。

表 2-15 不同阶段 YR 和 CW 湿地基质中的重金属浓度（mg/kg）

| HMs | | Cu | Zn | Pb | Cd |
|---|---|---|---|---|---|
| YR | Ⅰ | 26.90±2.76 | 81.50±10.50 | 18.50±3.53 | 0.15±0.03 |
| | Ⅱ | 24.70±4.70 | 78.70±11.40 | 18.20±4.47 | 0.14±0.04 |
| | Ⅲ | 27.40±5.72 | 82.60±6.78 | 17.60±3.39 | 0.13±0.02 |
| | Ⅳ | 27.20±3.62 | 83.60±14.40 | 18.30±4.42 | 0.16±0.05 |
| | Ⅴ | 26.30±6.28 | 82.10±13.50 | 16.10±4.64 | 0.15±0.05 |
| CW | Ⅰ | 21.60±0.27 $^{a**}$ | 53.50±0.38 $^{a**}$ | 16.30±0.12 $^{a}$ | 0.02±0.01 $^{a**}$ |
| | Ⅱ | 22.10±0.19 $^{b*}$ | 54.90±1.10 $^{b**}$ | 17.10±0.60 $^{b}$ | 0.03±0.01 $^{a**}$ |

续表

| HMs | | Cu | Zn | Pb | Cd |
|---|---|---|---|---|---|
| CW | Ⅲ | 22.20±0.27 b** | 56.20±1.40 c ** | 17.30±0.55 b | 0.05±0.01 b** |
| | Ⅳ | 22.60±0.18 b ** | 57.60±1.38 d ** | 17.40±0.86 b | 0.07±0.01 c ** |
| | Ⅴ | 23.10±0.21 b * | 58.30±0.51 d ** | 17.80±1.12 b | 0.08±0.02 c ** |

注：不同字母表示相同元素在不同发育阶段蟾蜍体内显著差异（$P<0.05$），*表示与同阶段 YR 相比，*$P<0.05$，**$P<0.01$。

从表 2-16 中可以看出，5 个发育阶段中，4 种重金属在蟾蜍体内的浓度都呈钟形曲线，在第Ⅲ阶段达到最高。在所有发育阶段，CW 蟾蜍体内的重金属浓度均显著低于 YR 蟾蜍（$P<0.05$）。重金属在蟾蜍体内的富集与发育阶段有关，可能是由于蟾蜍在第Ⅰ和第Ⅲ阶段一直生活在水中，与水中重金属接触较多，随着时间的推移而显著富集。一旦蟾蜍达到第Ⅳ阶段，逐渐完成变态就可以离开水，适应陆地生活。在此之后，部分重金属可以排出体外，逐渐降低了蟾蜍体内重金属的浓度。

表 2-16　不同阶段 YR 和 CW 湿地蟾蜍体内重金属浓度（mg/kg）

| Site | Stage | Cd | Cu | Pb | Zn |
|---|---|---|---|---|---|
| YR | Ⅰ | 0.82±0.13 | 3.10±0.36 | 4.18±0.62 | 21.30±3.72 |
| | Ⅱ | 0.77±0.15 | 4.65±0.28 A | 4.40±0.85 | 27.20±1.95 a |
| | Ⅲ | 1.29±1.32 A B | 4.75±0.83 A | 9.61±2.06 A B | 32.90±3.61 Ab |
| | Ⅳ | 0.75±0.07 c | 3.97±0.38 a b | 6.78±1.27 A b c | 24.70±1.57 b C |
| | Ⅴ | 0.56±0.18 c D | 4.51±0.25 a | 7.13±1.33 A b c | 19.20±2.14 b C d |
| CW | Ⅰ | 0.18±0.05 ** | 1.64±0.20 ** | 2.37±0.47 ** | 6.77±1.24 ** |
| | Ⅱ | 0.22±0.04 a ** | 2.07±0.14 a ** | 2.94±0.27 a ** | 7.76±1.61 ** |
| | Ⅲ | 0.39±0.08 A B ** | 2.57±0.23 b ** | 5.74±0.82 A B ** | 13.4±2.73 A B ** |
| | Ⅳ | 0.26±0.03 A c ** | 2.17±0.38 A ** | 4.61±0.94 A * | 11.70±1.32 A ** |
| | Ⅴ | 0.29±0.06 A c ** | 2.25±0.15 A ** | 5.81±0.13 A d * | 9.91±1.08 a c d ** |

注：与阶段Ⅰ相比，$^{a}P<0.05$，$^{A}P<0.01$. 与阶段Ⅱ相比，$^{b}P<0.01$，$^{B}P<0.01$。与阶段Ⅲ相比，$^{c}P<0.05$，$^{C}P<0.01$。与阶段Ⅳ相比，$^{d}P<0.05$，$^{D}P<0.01$。同一阶段与 YR 湿地相比，$^{*}P<0.05$，$^{**}P<0.01$。

2. 人工湿地对两栖类动物生长发育的影响

对形态异常的蟾蜍进行了研究，以评估由重金属污染对蟾蜍蝌蚪发育的影响，并记录了所发现的畸形类型。如图 2-13 所示统计结果显示：YR 湿地中的蝌蚪畸形包括 B 短尾蝌蚪（18‰，畸形蝌蚪数/总数，下同）、C 缺指蝌蚪（4‰）、D 后肢长在尾巴上的蝌蚪（4‰）、E 单腿蟾蜍幼体（7‰）、缺指蟾蜍幼体（3‰）。在 YR 湿地中的蟾蜍中还发现了许多其他缺陷。同时在 CW 的蟾蜍中没有发现任何异常。结果表明暴露在 YR 湿地水污染中会增加两栖动物的畸形率，而这些畸形与蟾蜍移动速度的降低和异常移动相关，从而可能增加死亡率。由此可见，CW 湿地系统在保护两栖动物方面发挥了很好的作用。

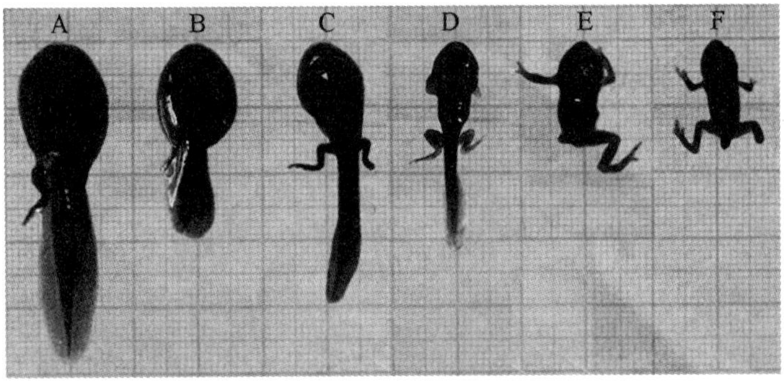


图 2-13　蝌蚪畸形类型

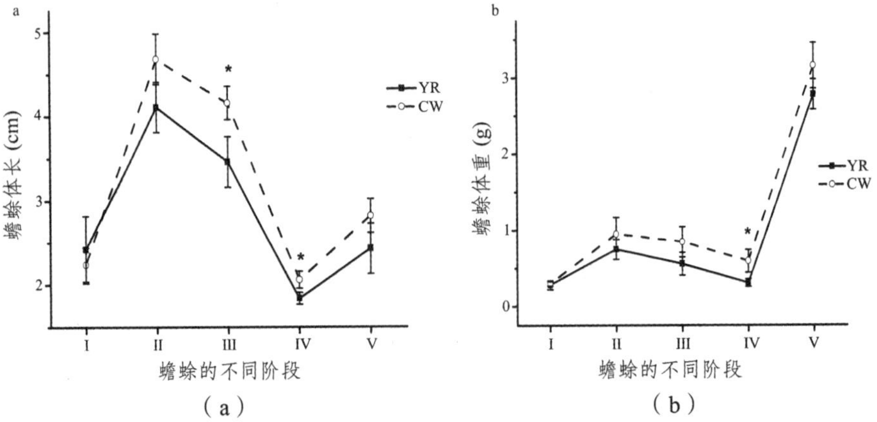


图 2-14　不同发育时期蟾蜍蝌蚪的体长体重

从图 2-14 可以看出，来自 YR 蟾蜍的体长和体重比来自 CW 的蟾蜍要小，而且在阶段Ⅳ的差异最为显著。这些差异可能是由于 YR 的污染造成的。CW 降低了重金属污染的影响，有利于蟾蜍的正常发育。一些研究表明，应激可以诱导甲状腺介导的变态。例如，在自然条件下，作为一种适应的应激反应，拥挤会加速蜕变。环境污染物似乎也可以通过诱导应激反应来影响变态效果，正如这项研究中发现，加速蜕变的结果之一是新出现的幼体可能会变小。小体型的变态会对未来的适应度、生长和冬季生存产生负面影响。结果表明，CW 对重金属污染水的净化效果良好，可以为蟾蜍提供污染保护。

3. 人工湿地对两栖类遗传损伤作用的影响

除畸形和体型差异外，我们还检测了肝脏系数、ROS 含量、T-AOC 和 DNA 氧化损伤水平等生理指标，以进一步探索 CW 对蟾蜍的影响。

由表 2-17 可知，与 YR 相比，CW 中蟾蜍的肝脏系数、ROS 含量和 DNA 氧化损伤水平均显著降低，而 T-AOC 指数较高。抗氧化防御是生物体补偿氧化损伤的主要机制，环境中很多有毒有害物质都可以引起机体氧化应激效应产生 ROS，如重金属、酚类和其他有机污染物。研究发现 ROS 水平与总重金属含量呈显著正相关（$R^2$=0.69，$P$=0.03）。如表 2-17 所示，高 ROS 水平可直接或间接降低蟾蜍的抗氧化能力，由于细胞防御机制的损伤导致氧化应激、基因组 DNA 损伤等氧化损伤。CW 可以有效降低 YR 水中的重金属浓度，提高 T-AOC 值，因此 CW 中蟾蜍的 ROS 和 DNA 氧化损伤水平显著低于 YR（$P$<0.05）。对于肝脏系数也有相似的影响效应，CW 系统对各生活期蟾蜍的肝脏系数均有显著的降低作用，肝脏系数是监测动物生理变化的一个有效而敏感的指标，多项研究表明，重金属污染会导致肝脏系数增加，从而引起肝损伤。在 CW 中蟾蜍的肝脏系数降低，表明肝损伤减轻。

结合氧化应激和 ROS 水平等指标表明，CW 改善后的水质为蟾蜍提供了更好的生活条件。结合上述发现（CW 中未发现蟾蜍异常），本书认为 YR 中发现的蟾蜍畸形可能是由非遗传性突变引起的，而不是遗传突变。考虑到在第Ⅰ、Ⅲ阶段DNA氧化损伤水平高于第Ⅳ、Ⅴ阶段，研究表明，变态临界期是两栖动物最容易受到外界环境影响的关键阶段。有学者认为，在蟾蜍变态的关键时期，需要降低谷胱甘肽（GSH）和过氧化氢酶的水平，才能实现尾巴和鳃的完全吸收，以及肠道重建。然而，谷胱甘肽的消耗总是伴随着高ROS的产生，导致高氧化应激水平。当然，也有可能是因为蟾蜍蜕变完成（阶段Ⅳ）后，蟾蜍会离开受污染的水体，通过上述排泄过程降低体内的重金属浓度，有助于减轻重金属污染造成的氧化损伤。

表2-17　YR和CW中蟾蜍的肝脏系数、ROS含量、T-AOC和DNA损伤水平

| | | Ⅰ | Ⅱ | Ⅲ | Ⅳ | Ⅴ |
|---|---|---|---|---|---|---|
| 肝脏指数/% | YR | 2.84±0.16 c | 4.97±0.35ab | 5.12±0.62 a | 4.18±0.26 b | 4.52±0.83 ab |
| | CW | 2.13±0.22 *c | 3.24±0.24* b | 4.36±0.48* a | 3.21±0.35 ** b | 2.83±0.52**bc |
| ROS/U | YR | 0.74±0.08 b | 0.54±0.07 e | 1.40±0.13 a | 0.89±0.09 c | 0.62±0.11 b |
| | CW | 0.56±0.07 *c | 0.42±0.06 *e | 0.93±0.10**a | 0.53±0.08 **b | 0.36±0.02**d |
| T-AOC/（U/mg pro） | YR | 2.90±0.77abc | 2.49±0.55bc | 1.73±0.30d | 2.75±0.23b | 2.09±0.38ab |
| | CW | 4.11±0.77*a | 3.89±0.58*ab | 2.57±0.55*b | 3.54±0.76*ab | 4.45±0.47*a |
| DNA损伤/% | YR | 35.7±3.28 a | 33.9±1.86b | 38.7±5.62ab | 23.6±2.58 c | 14.4±4.12 d |
| | CW | 22.5±2.06**ab | 19.1±4.45**a | 20.9±3.26**a | 13.11±2.48**b | 8.36±0.47 *c |

注：不同上标字母表示不同发育阶段的蟾蜍在YR和CW有显著差异（$P<0.05$），与同阶段YR相比，$*P<0.05$，$**P<0.01$。

综上可见，CW湿地可以为污染地区的两栖动物提供更好的生活环境，本书建议可以在典型污染场地或受污河段构建CW湿地系统来保护两栖动物的健康发育与繁殖。

# 第三章　两栖动物养殖环境分析
# ——以武隆某养殖基地为例

## 3.1　环境调研方案与技术

### 3.1.1　养分含量分析技术

该研究主要测定的指标为土壤有机质、总氮、总磷、速效氮和速效磷，其实验方法如下：

1. 土壤有机质

采用重铬酸钾容量法测定：取土样于试管中，加入重铬酸钾标准溶液 5 mL，加入浓 $H_2SO_4$ 后摇匀；油浴加热；待冷却后，加入邻啡罗啉指示剂；用硫酸亚铁溶液滴定，并记录滴定体积（单位：mL）。

2. 土壤全氮、全磷

全氮采用重铬酸钾—硫酸消化法测定：将消解好的土样消解液通过凯氏定氮仪蒸馏，后用盐酸滴定。

全磷采用硫酸—高氯酸消煮法测定：将消解好的土样消解液加入显色剂等试剂后，通过分光光度计测得其吸光度，最后算出其含量。

3. 土壤速效氮、速效磷

速效氮采用扩散吸收法测定：取土样、硫酸亚铁、NaOH 于扩散皿外室；取 $H_3BO_3$ 和定氮混合指示剂于内室；放入恒温箱，碱解扩散（24±0.5）h 后取出；内室用 $H_2SO_4$ 标准溶液滴定；记录硫酸用量。

速效磷采用碳酸氢钠浸提法测定：取土样于三角瓶中；加入 $NaHCO_3$ 浸提液和无磷活性炭；振荡，过滤；吸滤液于比色管中，加二硝基酚、钼锑抗试剂；用分光光度计测得吸光度，计算其含量。

测得的指标计算方法如下：

① 土壤有机质计算公式如下：

$$TC(\mathrm{g/kg})=\frac{\frac{c\times5}{V_0}\times(V_0-V)\times10^{-3}\times3.0\times1.1}{m\times k}\times1000$$

式中：c——0.8 000 mol/L（$1/6K_2Cr_2O_7$）标准溶液浓度；

5——重铬酸钾标准溶液加入的体积，mL；

$V_0$——滴定空白液时所用去的硫酸亚铁体积，mL；

$V$——滴定样品液时所用去的硫酸亚铁体积，mL；

3.0——1/4 碳原子的摩尔质量；

1.1——氧化校正系数；

$m$ ——风干土样质量；

$k$ ——将风干土换算成烘干土的系数。

土壤有机质=土壤有机碳×1.724（土壤有机碳换成土壤有机质的平均换算系数）

② 土壤总氮计算公式如下：

$$N\%\frac{(V-V_0)\times N\times0.014}{\text{样品重}\times100}$$

式中：$V$——滴定时消耗标准盐酸的体积，mL；

$V_0$——滴定空白时消耗标准盐酸的体积，mL；

$N$——标准盐酸的摩尔浓度；

0.014——氮原子的毫摩尔质量 g/mmol；

100——换算成百分数。

土壤总磷计算公式如下：

$$P\%\frac{P\times50\times\text{分取倍数}}{W\times10^6}\times100$$

式中：显色液 $P$——从工作曲线上查得（mg/L）；

显色液体积——本操作中为 50 ml；

分取倍数——消煮溶液定容体积/吸取消煮溶液体积；

$10^6$——将 μg 换算成 g；

$W$——土样重（g）。

两次平行测定结果允许误差为 0.005%。

③ 土壤速效氮计算公式如下：

$$\text{速效氮}(\text{mg/kg})=\frac{(V-V_0)\times C\times 14.0\times 1000}{W}$$

式中：$V$——滴定样品用去的 $H_2SO_4$ 体积，mL；

$V_0$——滴定空白用去的 $H_2SO_4$ 体积，mL；

C——$H_2SO_4$ 标准液的浓度，0.005 mol/L；

14.0——氮的摩尔质量 $M$（N），14 g/mol；

1000——换算成 mg/kg 的因子数；

土壤速效磷计算公式如下：

$$P(\text{mg/kg})=\frac{\rho\times V\times ts}{m\times 10^3\times k}\times 1000$$

式中：$\rho$——从工作曲线上查得磷的质量浓度（$\mu g\cdot mL^{-1}$）；

$m$——风干土质量（g）；

$V$——显色时溶液定容的体积（mL）；

$10^3$——将 μg 换算成的 mg；

$Ts$——为分取倍数；（即浸提液总体积与显色时吸取浸提液体积之比）；

$k$— 将风干土换算成烘干土质量的系数；

1000——换算成每 kg 含磷量。

### 3.1.2 重金属含量分析技术

重金属含量测定方法：

① 土壤重金属测定含量方法：取研磨过筛后的土样于聚四氟乙烯消化管内；加入氢氟酸、硝酸和盐酸；将消化管放入消化炉中消煮；消煮

后用 0.2% $HNO_3$ 定容，保存备用；用原子分光光度计测定。

② 水样重金属含量测定方法：将备用水样用原子分光光度计进行元素浓度的测定，记录数据结果。

③ 动物组织重金属含量测定方法：称鲜重，从冰箱中拿出融化，吸出血水后称取鲜重；烘干，烘干至恒重时取出；称干重，记录数据，计算干湿比重；样品消解，称取样品消解；用原子分光光度计测定数据。

### 3.1.3 污染程度与风险评价技术

1. 重金属污染程度评价方法

① 内梅罗综合污染指数法。内梅罗综合污染指数法是一种能够全面表现土壤污染状况的指数，它较为强调最大污染程度的单个重金属元素对土壤环境的影响。其计算公式为：

$$F=\sqrt{(F_{max}^{2}+\overline{F}^{2})/2} \qquad \overline{F}=(1/n)\sum C_r^i$$

其中，$F_i$ 是单一污染物污染指数，$F_{max}$ 是最大的单一污染物污染指数；$\overline{F}$ 为各元素污染指数的算术平均值。

注：土壤中当 $F<0.7$ 时，为无污染；0.7 ~ 1.0 时为警戒线；1.0 ~ 2.0 时为轻度污染；2.0 ~ 3.0 时为中度 ~ 高度污染；3.0≤时为重度污染。水体：$F<1$，水质为清洁；$F$ 为 1 ~ 2 时，水质为轻污染；$F$ 为 2 ~ 3 时，水质为污染；$F$ 为 3 ~ 5 时，水质为重污染；$F>5$，水质为严重污染。

② 土壤污染负荷指数法。

$$PLI=\sqrt[n]{(C_r^1\times C_r^2\times C_r^3\times\cdots\times C_r^n)}$$

式中，$PLI$——土壤污染负荷指数；

$C_r^i$——土壤中元素 $i$ 的污染指数。

注：当 $PLI<1$ 时为无污染；1 ~ 2 时为中度污染；2 ~ 3 时为重度污染；$3\leqslant PLI$ 时为严重污染。

③ 地累积指数法。

$$I_{geo}=\log_2(C_s^i/1.5C_f^i)$$

注：当 $I_{geo}$≤0 时，为清洁；0<$I_{geo}$≤1 时，为轻度污染；1<$I_{geo}$≤2 时，为偏中度污染；2<$I_{geo}$≤3 时，为中度污染；3<$I_{geo}$≤4 时，偏重污染；4<$I_{geo}$≤5 时，为严重污染；5<$I_{geo}$≤6 时，为极重污染。重金属 Pb、Cr、Ni、Cu、Zn、Mn 的背景值分别为 23.6 mg/kg、53.9 mg/kg、23.4 mg/kg、20.0 mg/kg、67.7 mg/kg、482 mg/kg。

2. 潜在生态风险指数法

$$I_R = \sum E_r^i \qquad E_r^i = T_r^i C_r^i$$

式中，潜在生态风险指数（$I_R$）——某种单重金属的潜在风险指数（$ER$）之和；

$T_r^i$——第 $i$ 种重金属的毒性系数；

$C_r^i$——土壤中元素 i 的污染指数。

注：当 $E_{ri}$<40 时为低潜在生态风险；当 40≤$E_{ri}$ < 80 时为中等潜在生态风险；当 80≤$E_{ri}$ < 160 时为较高潜在生态风险；当 160≤$E_{ri}$ < 320 时为高潜在生态风险；当 320≤$E_{ri}$ 时为很高潜在生态风险。

当 $I_R$<150 时为低潜在生态风险；当 150≤$IR$ < 300 时为中等潜在生态风险；当 300≤$IR$ < 600 时为较高潜在生态风险；当 600≤$IR$ 时为极高潜在生态风险。

表 3-1　各元素毒性系数

| 元素 | Pb | Cr | Ni | Cu | Zn | Mn |
|---|---|---|---|---|---|---|
| 毒性系数 | 5 | 2 | 5 | 5 | 1 | 1 |

### 3.1.4　人体健康风险评价技术

目标危害系数法

$$Q_{t,h} = \frac{E_F \times E_D \times F_{IR} \times C}{R_{FD} \times W_{AB} \times T_A} \times 10^{-3}$$

多种重金属复合风险（$Q_{t,t,h}$）计算公式为：

$$Q_{t,t,h} = \sum Q_{t,h}$$

注：当 $Q_{t,h}$≤1，说明污染物对人群没有明显的健康风险；当 $Q_{t,h}$>1，

则存在健康风险。$Q_{t,h}$ 值越大，表明该污染物对人体健康风险越大。本文所取的 $R_{ED}$ 值 Ni、Pb、Cr、Zn、Cu、Mn 值分别为 0.02、0.004、1.5、0.3、0.04、0.14 mg/kg。

## 3.2 武隆中国大鲵养殖基地周边土壤养分分析

该研究土样来自武隆中国大鲵养殖基地周边农田、路边等地，采集 10 个样品，pH 在 5.8 到 6.6 范围内，其平均 pH 为 6.28。

表 3-2 土壤养分含量分级表

| 级别 | 有机质/（g/kg） | 全氮/% | 全磷/% | 速效氮/（mg/L） | 速效磷/（mg/kg） |
|---|---|---|---|---|---|
| 1 | >40 | >0，2 | >0.2 | >150 | >40 |
| 2 | 30 ~ 40 | 0.15 ~ 0.2 | 0.15 ~ 0.2 | 120 ~ 150 | 20 ~ 39 |
| 3 | 20 ~ 30 | 0.1 ~ 0.15 | 0.1 ~ 0.15 | 90 ~ 119 | 10 ~ 19 |
| 4 | 10 ~ 20 | 0.075 ~ 0.1 | 0.07 ~ 0.1 | 60 ~ 80 | 5 ~ 9 |
| 5 | 6 ~ 10 | 0.05 ~ 0.075 | 0.04 ~ 0.07 | 30 ~ 59 | 3 ~ 4 |
| 6 | <6 | <0.05 | <0.04 | <30 | <3 |

表 3-2 为农田土壤养分含量分级表，由表 3-2 分析该养殖基地周边土壤养分情况。

表 3-3 武隆中国大鲵养殖基地周边土壤养分描述性统计分析

| 指标 | 最大值 | 最小值 | 平均值 | 标准差 | 变异系数/% |
|---|---|---|---|---|---|
| 有机质/（mg/kg） | 29.59 | 7.95 | 19.88 | 6.99 | 35.16 |
| 总氮/% | 0.09 | 0.05 | 0.06 | 0.01 | 19.89 |
| 总磷/% | 0.13 | 0.03 | 0.06 | 0.03 | 49.11 |
| 速效氮/（mg/L） | 116.15 | 37.79 | 71.05 | 2.74 | 3.86 |
| 速效磷/（mg/kg） | 57.51 | 16.75 | 24.98 | 13.25 | 53.03 |

据表 3-2 和表 3-3 分析得：该地有机质含量从 7.95 mg/kg ~ 29.59 mg/kg，其平均值含量是 19.88 mg/kg，处于 4 级标准；总氮含量从 0.05% ~ 0.09%，其平均含量是 0.06%，处于 5 级标准；总磷含量从 0.03% ~ 0.13%，其平

均含量是 0.06%，属于 5 级标准；速效氮含量从 37.79 mg/L ~ 116.15 mg/L，其平均含量是 71.05 mg/L，属于 4 级标准；速效磷含量从 16.75 mg/kg ~ 57.51 mg/kg，其平均含量是 24.98 mg/kg，属于 2 级标准。变异系数表明该地土壤养分的分布情况，小于 10%为弱变异，10% ~ 100%为中等变异，大于 100%为强变异。有机质、总氮、总磷和速效磷的变异系数在 10% ~ 100%之间，属于中等变异，说明该地这些指标分布不均匀。整体土壤肥力偏低，可采取人工施肥等方法提高肥力。

## 3.3 武隆中国大鲵养殖基地周边水体氮磷含量分析

表 3-4 我国地表水质环境质量评价标准（mg/L）

| | Ⅰ类 | Ⅱ类 | Ⅲ类 | Ⅳ类 | Ⅴ类 |
|---|---|---|---|---|---|
| TN | ≤0.2 | ≤0.5 | ≤1.0 | ≤1.5 | ≤2.0 |
| TP | ≤0.010 | ≤0.025 | ≤0.025 | ≤0.100 | ≤0.200 |

表 3-5 武隆中国大鲵养殖基地水体氮磷统计分析

| 指标 | 最大值/（mg/kg） | 最小值/（mg/kg） | 平均值/（mg/kg） | 标准差 | 变异系数/% |
|---|---|---|---|---|---|
| 总氮 | 1.83 | 0.17 | 0.81 | 0.54 | 66.02 |
| 总磷 | 0.03 | 0.02 | 0.02 | 0.01 | 25.11 |

由表可得，根据地表水环境质量标准限值，该水体 TN 和 TP 指标处于Ⅲ类水质标准。推测是养殖水体的氮磷含量在水质标准里是Ⅲ级内最适宜鱼类的生长发育。其总氮的最大值与最小值差距较大，且变异系数也较大，说明该养殖水体总氮离散程度大，分布不均匀，受到不同程度的外界干扰。推测其与养殖基地周边农田的施肥情况有关。

## 3.4 武隆中国大鲵养殖基地周边重金属污染分析

### 3.4.1 土壤水体环境重金属含量分析

表 3-6 为 GB15618-2018 土壤环境质量标准中所查阅的土壤重金属风险筛选值，由于 Mn 元素无风险筛选值，故选取 Mn 元素的土壤背景值作

为标准计算和评价该研究基地土壤重金属污染。

表 3-6　风险筛选值（mg/kg）

| Mn | Cr | Cu | Ni | Pb | Zn |
|---|---|---|---|---|---|
| 482 | 250 | 50 | 70 | 100 | 200 |

表 3-7　武隆中国大鲵养殖基地周边土壤重金属描述性统计分析

| 重金属元素 | 最大值/（mg/kg） | 最小值/（mg/kg） | 平均值/（mg/kg） | 标准差 | 变异系数/% |
|---|---|---|---|---|---|
| Ni | 56.94 | 16.60 | 31.95 | 11.98 | 37.51 |
| Pb | 36.87 | 15.27 | 26.08 | 7.08 | 27.16 |
| Cu | 25.56 | 3.61 | 16.28 | 7.77 | 47.72 |
| Zn | 158.28 | 75.66 | 124.25 | 27.66 | 22.26 |
| Cr | 92.17 | 36.04 | 58.83 | 17.76 | 30.18 |
| Mn | 808.54 | 83.75 | 456.56 | 239.92 | 52.55 |

由表3-6风险筛选值和表3-7武隆中国大鲵养殖基地周边土壤重金属描述性统计分析得出,该地区Ni元素平均含量小于风险筛选值70 mg/kg，Pb元素平均含量小于风险筛选值100 mg/kg，Cu元素平均含量小于风险筛选值50 mg/kg，Zn元素平均含量小于风险筛选值200 mg/kg，Cr元素平均含量小于风险筛选值250 mg/kg，Mn元素平均含量小于国家背景值482 mg/kg，变异系数可以指示该地区的重金属分布情况。其标准为：若小于10%为弱变异，处于10%到30%之间为中等变异，大于30%为强变异。武隆中国大鲵养殖基地周边土壤中重金属的平均变异程度从大到小为：Mn、Cu、Ni、Cr、Pb、Zn。其中，Mn、Cu、Ni、Cr属于强变异，说明该地区这些重金属分布不均匀，离散程度大，受到外界干扰严重。Pb和Zn元素属于中等变异，说明该地区这两个重金属元素在一定程度上分布不均匀，但受到较小的外界扰动，推测是由于施肥等人为因素或其他自然因素的干扰。

表 3-8　武隆中国大鲵养殖基地水体重金属统计分析

| 最大值 /（mg/kg） | 最小值 /（mg/kg） | 平均值 /（mg/kg） | 标准差 | 变异系数 /% | 水质标准 /（mg/kg） |
|---|---|---|---|---|---|
| 0.0107 | 0.0086 | 0.0095 | 0.0011 | 11.8158 | 0.0500 |
| 0.0458 | 0.0229 | 0.0327 | 0.0085 | 25.9629 | 0.0500 |
| 0.0033 | 0.0000 | 0.0014 | 0.0018 | 124.7219 | 1.0000 |
| 0.0010 | 0.0000 | 0.0004 | 0.0004 | 105.8301 | 1.0000 |
| 0.0121 | 0.0022 | 0.0058 | 0.0035 | 60.0057 | 0.0500 |
| 0.0080 | 0.0057 | 0.0067 | 0.0010 | 15.3613 | 0.1000 |

注：水质标准为 GB3838—2002《地表水环境质量标准》

由表可得，养殖基地水体重金属平均含量均小于国家标准值。即该养殖水体未受重金属污染。其中 Cu、Zn、Cr 金属的变异系数较大，说明离散程度大，受到外界干扰。推测其与养殖饲料和鱼类的粪便中均含有微量重金属元素，导致了分布不均匀。

### 3.4.2　土壤水体环境重金属污染程度分析

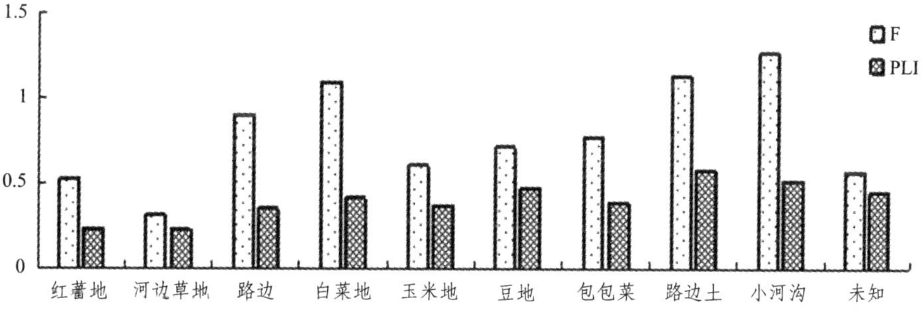


图 3-1　各土样中综合污染指数

由图 3-1 各土样中综合污染指数，结合内梅罗综合污染指数法得到，除去红蕃地、河边草地、玉米地和未知样地之外，其余样地重金属污染程度均超过了警戒线，且路边土中的重金属污染程度最大，达到了轻度污染；通过土壤污染负荷指数得到，各样地的污染指数均小于 1，即各样地均为无污染。

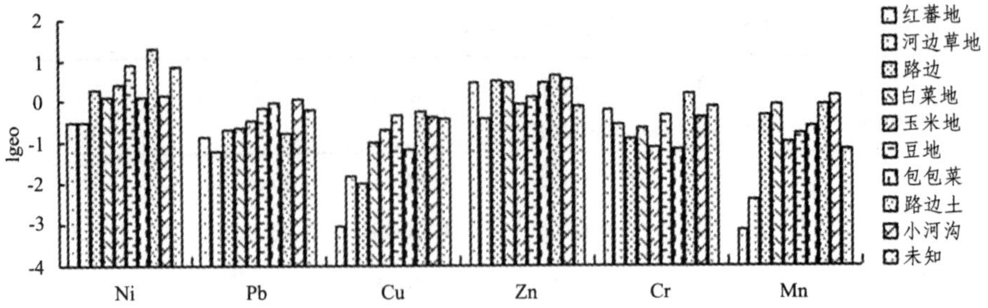


图 3-2　各土样中地累积指数

由图 3-2 各土样中地累积指数可得，Ni 元素污染中，路边土污染程度最大，达到了偏中度污染，河边草地和红蕃地为无污染，其余都为轻度污染；Pb 元素污染中，小河沟达到了轻度污染，且污染程度最大，其余样地均为无污染；Cu 元素中，所有样地均为无污染；Zn 元素污染中，无污染与轻度污染样地个数基本一样，且路边土的指数最大；Cr 元素污染中，除去路边土为轻度污染，其余样地均为无污染；Mn 元素污染中，除去小河沟为轻度污染，其余都为无污染。

由以上指数评价分析可得，样地的路边土的污染指数最大，原因是它受到人为干扰最大，其余样地中的重金属污染指数较小，都为无污染状态，不同综合污染评价指数评价的结果不太相同。内梅罗指数的结果要比其他污染指数的评价结果严重，土壤污染负荷指数的评价结果最轻。其原因是内梅罗指数考虑污染最大元素的缘故，推测是由于农肥中含有重金属元素，不同农作物施肥量的不同导致不同地区呈现不同污染程度。但总体可得，武隆中国大鲵养殖基地的周边农田等地的土壤未受到过多的重金属污染，其土壤污染程度比较轻，土壤环境良好，适宜养殖。

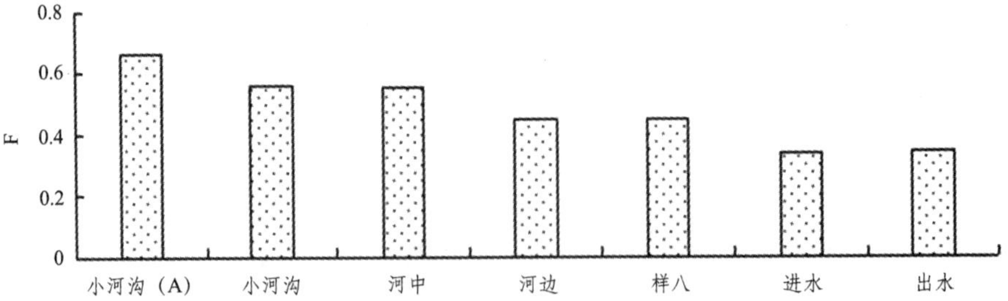


图 3-3　各水样中内梅罗综合污染指数

由图 3-3 各水样中内梅罗综合污染指数可得，各个水样均小于 1，为清洁。污染指数从大到小为：小河沟（A)、小河沟、河中、样八、河边、进水、出水。该养殖基地水体由于取自山泉水，天然无污染，故重金属含量很低，其中微量金属来自饲料里。

表 3-9　单因子潜在生态风险参数

| 样地 | E（Ni） | E（Pb） | E（Cu） | E（Zn） | E（Cr） | E（Mn） |
|---|---|---|---|---|---|---|
| 红蕃地 | 1.77 | 0.99 | 0.36 | 3.45 | 1.41 | 0.17 |
| 河边草地 | 1.19 | 0.76 | 0.86 | 1.89 | 1.10 | 0.29 |
| 路边 | 2.01 | 1.11 | 0.75 | 3.56 | 0.86 | 1.18 |
| 白菜地 | 1.82 | 1.15 | 1.53 | 3.47 | 1.04 | 1.44 |
| 玉米地 | 2.22 | 1.27 | 1.89 | 2.45 | 0.75 | 0.75 |
| 豆地 | 3.07 | 1.59 | 2.39 | 2.70 | 1.27 | 0.87 |
| 包包菜 | 1.78 | 1.72 | 1.36 | 3.50 | 0.72 | 0.98 |
| 路边土 | 4.07 | 1.05 | 2.56 | 3.96 | 1.84 | 1.44 |
| 小河沟 | 1.83 | 1.84 | 2.30 | 3.70 | 1.26 | 1.68 |
| 未知 | 3.05 | 1.56 | 2.28 | 2.37 | 1.51 | 0.66 |

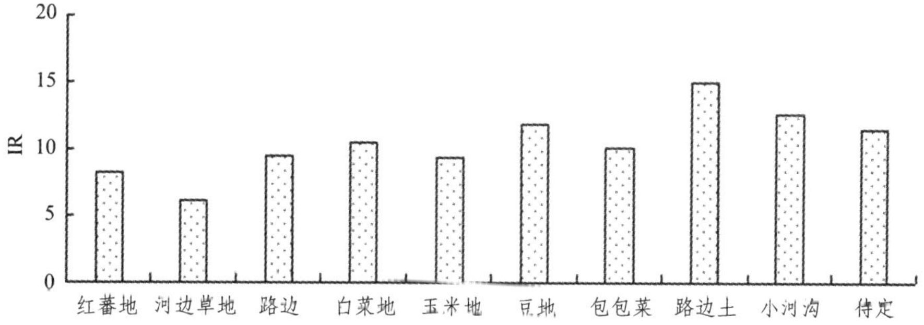


图 3-4　潜在综合风险指数

由表 3-9 单因子潜在生态风险参数可得，上述样地重金属污染均为低潜在生态风险。其中豆地、路边土和未知样地中 Ni 元素的潜在生态风险参数大于其他重金属元素，其余样地都是 Zn 元素大于其他重金属元素。

由图 3-4 潜在综合风险指数可得，所有样地均为低潜在风险。其中路边土的潜在综合风险指数大于其他样地的指数，河边草地的潜在综合风险指数最小。

## 3.5 武隆中国大鲵养殖基地中国大鲵重金属含量分析

表 3-10 各生物组织器官中不同重金属的含量（mg/kg）

| 组织器官 | Cu | Ni | Pb | Zn | Cr | Mn |
|---|---|---|---|---|---|---|
| Y 性腺 | 0.7225 | 0.0139 | 0.2206 | 12.0181 | 0.0427 | 0.2059 |
| E 性腺 | 0.9970 | 0.0085 | 0.2283 | 8.7942 | 0.0394 | 0.1169 |
| S 性腺 | 0.8375 | 0.0108 | 0.2302 | 9.1182 | 0.0347 | 0.0845 |
| Y 脾 | 0.4990 | 0.0075 | 0.3047 | 10.3120 | 0.0320 | 0.2489 |
| E 脾 | 0.8292 | 0.0107 | 0.3418 | 11.2843 | 0.0393 | 0.1861 |
| Y 肌肉 | 0.8300 | 0.0075 | 0.3041 | 6.2753 | 0.0208 | 0.2279 |
| S 肌肉 | 0.0000 | 0.0054 | 0.3056 | 7.0635 | 0.0271 | 0.1890 |
| Y 胰腺 | 0.4529 | 0.0102 | 0.3112 | 5.8210 | 0.0318 | 0.3055 |
| E 胰腺 | 0.4995 | 0.0086 | 0.3432 | 4.7835 | 0.0382 | 0.2486 |
| S 胰腺 | 0.8300 | 0.0064 | 0.3802 | 5.2713 | 0.0233 | 0.1208 |
| Y 肝 | 1.1655 | 0.0118 | 0.4194 | 9.3153 | 0.0283 | 0.1354 |
| G 肝 | 1.4925 | 0.0075 | 0.3418 | 10.0305 | 0.0208 | 0.1719 |
| E 肝脏 | 1.4940 | 0.0053 | 0.3802 | 10.2915 | 0.0270 | 0.2672 |
| S 肝脏 | 1.3254 | 0.0053 | 0.4173 | 10.7721 | 0.0159 | 0.2405 |
| 未知 | 0.4990 | 0.0043 | 0.3047 | 3.5212 | 0.0246 | 0.1627 |
| 标准 | 50 | 1.0 | 0.5 | 50 | 2.0 | 22 |

注：Y 为生长期一周年；E 为生长期两周年；S 为生长期三周年。标准为 GB 2762—2017《食品安全国家标准食品中污染物限量》与 NY 5053—2005《无公害食品普通淡水鱼》。

由于 Mn 元素在食品安全等标准里没有明确规定，因此通过 Zn 和 Cr 的 RED 值和标准值与 Mn 的 RED 值推出 Mn 的标准值应在 21 mg/kg 到 23 mg/kg 之间，本文选取中间值 22 mg/kg。

由表 3-10 各生物组织器官中不同重金属的含量可得，中国大鲵体内 Zn 和 Cu 含量较其他重金属多。原因是 Zn、Cu 为中国大鲵必需的元素。中国大鲵各组织器官中重金属含量均未超出国家质量标准值，中国大鲵无重金属污染，由于养殖基地的水体无重金属污染，中国大鲵所处的环境优良，因此中国大鲵没有重金属污染。

## 3.6 人体健康风险评价及分析

由表 3-11 各生物组织器官中 $Q_{th}$ 值可得，所有元素的目标风险系数均小于 1，即对人群没有风险。从整体分析，各元素 $Q_{th}$ 值从大到小为 Pb、Zn、Cu、Mn、Ni、Cr。

表 3-11 各生物组织器官中 $Q_{th}$ 值

| | $Q_{th}$(Ni) | $Q_{th}$(Pb) | $Q_{th}$(Cu) | $Q_{th}$(Zn) | $Q_{th}$(Cr) | $Q_{th}$(Mn) |
|---|---|---|---|---|---|---|
| Y 性腺 | 0.0007 | 0.0566 | 0.0185 | 0.0411 | 0.0000 | 0.0015 |
| E 性腺 | 0.0004 | 0.0586 | 0.0256 | 0.0301 | 0.0000 | 0.0009 |
| S 性腺 | 0.0006 | 0.0591 | 0.0215 | 0.0312 | 0.0000 | 0.0006 |
| Y 脾 | 0.0004 | 0.0782 | 0.0128 | 0.0353 | 0.0000 | 0.0018 |
| E 脾 | 0.0005 | 0.0877 | 0.0213 | 0.0386 | 0.0000 | 0.0014 |
| Y 肌肉 | 0.0004 | 0.0781 | 0.0213 | 0.0215 | 0.0000 | 0.0017 |
| S 肌肉 | 0.0003 | 0.0785 | 0.0000 | 0.0242 | 0.0000 | 0.0014 |
| Y 胰腺 | 0.0005 | 0.0799 | 0.0116 | 0.0199 | 0.0000 | 0.0022 |
| E 胰腺 | 0.0004 | 0.0881 | 0.0128 | 0.0164 | 0.0000 | 0.0018 |
| S 胰腺 | 0.0003 | 0.0976 | 0.0213 | 0.0180 | 0.0000 | 0.0009 |
| Y 肝 | 0.0006 | 0.1077 | 0.0299 | 0.0319 | 0.0000 | 0.0010 |
| G 肝 | 0.0004 | 0.0877 | 0.0383 | 0.0343 | 0.0000 | 0.0013 |
| E 肝脏 | 0.0003 | 0.0976 | 0.0384 | 0.0352 | 0.0000 | 0.0020 |
| S 肝脏 | 0.0003 | 0.1071 | 0.0340 | 0.0369 | 0.0000 | 0.0018 |
| 未知 | 0.0002 | 0.0782 | 0.0128 | 0.0121 | 0.0000 | 0.0012 |

由图 3-5 多种重金属复合风险可得，Pb 元素对各组织的 $Q_{tth}$ 值贡献最大，但由于各组织的 $Q_{tth}$ 值均小于 1，表明食用武隆中国大鲵养殖基地的中国大鲵不会对人体造成健康威胁，可放心食用。

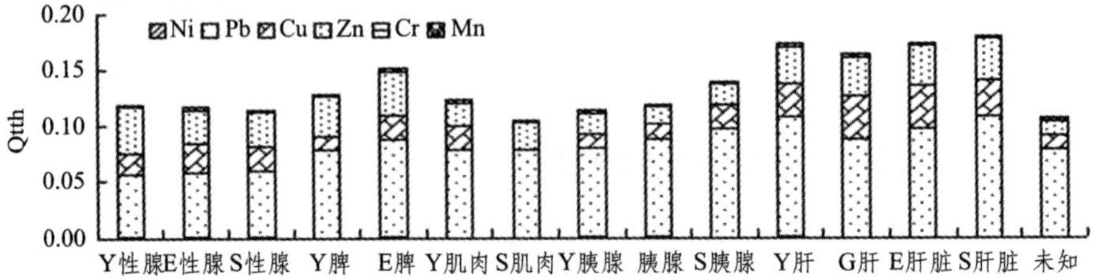


图 3-5　多种重金属复合风险

# 第四章　我国常见两栖动物的生物特性和饲养管理

我国两栖动物有 280 余种，隶属三个目，其中蚓螈目（Caeciliformes）仅版纳鱼螈（*Ichthyophis bannanicus*）1 种；蝾螈目（Salamandriformes）或有尾目（Caudata）约 37 种，隐鳃鲵科（Cryptobranchidae）中国大鲵（Andrias davidianus）是仅产于我国的珍稀动物；蛙形目（Raniformes）240 多种，蛙科（Ranidae）94 种，蛙属（*Rana*）约 70 种。目前，我国养殖的两栖动物主要有：蛙属的虎纹蛙、棘胸蛙、中国林蛙、黑斑蛙、棘腹蛙、国外引进的牛蛙等，大鲵属中的中国大鲵。本章将对我国常见的两栖动物养殖的生物学特性、养殖关键技术以及常见疾病进行介绍。

## 4.1　主要养殖类两栖动物的生物学特性

### 4.1.1　对环境条件的适应性

（1）对盐度的适应。两栖类是在淡水与陆地生活的动物，幼体对盐度的适应能力与淡水鱼相同，成体对盐度的适应幅度较小。主要养殖种类的生存与繁殖最适盐度为 0.02～0.5，致死盐度最高限为 8 左右。

（2）对温度的适应。两栖类属于变温动物，温度对幼体和成体的生存、生长发育影响极大。主要养殖种类两栖动物的致死温度、生存温度、摄食与生长适温、繁殖适温和冬眠温度的适应能力有一定的差异，其中中国林蛙和中国大鲵的适宜温度较低。

（3）对湿度的适应。蛙类除肺呼吸外，还进行皮肤呼吸，在适宜的温度范围内，环境的相对湿度达 70%，一般可安然生活，温度越高，对湿度的要求也越高；当空气中湿度低时，两栖类动物生活于水中。

（4）对水中溶解氧、pH 的适应。蛙类幼体阶段在水中生活，成体大部分时间生活在水中，要求水中溶氧不低于 4 mg/L，其蝌蚪对溶氧的适应能力与鲤科鱼类相似。养殖蛙类的池水 pH 一般为 6.8 ~ 8.0。

（5）对光照的适应。蛙类具畏光性，昼如夜出，尤其是逃避强烈的阳光照射。但光照对蛙类生存与繁育却至关重要。实验表明，光照直接影响牛蛙的性腺发育和繁殖等；将牛蛙长期饲养于黑暗环境中，其全身变黑，性腺发育停止，不产卵、排精。

### 4.1.2 摄 食

蛙类和中国大鲵摄食量较大。中国林蛙每天的摄食量在 3000 余只昆虫，成体牛蛙一夜摄食量约为 43 g，中国大鲵摄食量占体重 5% ~ 8%。另外，养殖类两栖动物对食物选择具有明显差异。动物性和植物性食物同时存在的情况下，优先选择动物性食物，且优先选择活动物。在这几种养殖蛙类中，仅虎纹蛙可进食不运动的食物，其他蛙类均摄食活动的食物。因此，在培育蛙类种苗过程中需进行食性驯化，使幼蛙逐渐习惯摄食静止或人工配合饲料等食物。蛙类和中国大鲵的幼体阶段摄食方式和食物组成和鱼类相同，而与成体截然不同。在卵黄囊消失后，吞食浮游植物、浮游动物、鱼虾幼体、有机腐屑等，属于杂食性。

### 4.1.3 繁 殖

掌握主要养殖种类的繁殖生物特性是进行人工繁育工作和提高繁育效率的科学基础，具体内容包括：性成熟年龄与规格、怀卵量、产卵场环境条件、产卵季节与水温、产卵类型与产卵次数、发情与产卵行为、卵的大小与结构、胚胎发育适温与实践等。养殖的蛙类和中国大鲵均在水中产卵，体外受精。蛙类产卵前皆有抱对的行为。在生殖季节，蛙类抱对持续时间因种类和个体而异，如棘胸蛙为 6 ~ 8 h 或 1 d，牛蛙为 1 ~ 2 d，中国林蛙为 2 ~ 3 d。

蛙类产卵场所要求安静、背风、行人稀少的环境，产卵时间多在夜间，产卵高峰往往在日出前，蛙卵入水呈黏性，卵膜吸水膨大，棘胸蛙卵粒黏连成片状、链锁状或葡萄串状，每簇约 20 ~ 40 粒，一端黏附在水中石块、树根或水草上，另一端悬于水层中。中国林蛙卵粒粘成团状，直径 4 ~ 5 cm，吸水膨大后达 15 cm，漂浮于水面。牛蛙卵吸水后卵块呈棉絮状，常黏附于水草、草根、树根上。虎纹蛙产出的卵黏连小片浮于水面，每片 10 余粒。中国大鲵繁殖无抱对现象，产前仍然独居，受精卵呈球状，由胶带相连，有时附于水草上。

## 4.2 人工繁殖关键技术

### 4.2.1 常见两栖类动物亲本培育

（1）亲体选择。鉴别雌性亲蛙或亲鲵主要依据有无副性征和性腺成熟个体的体形等差别。蛙类的雄性成熟个体共有的副性征是具有婚瘤，即第一指基部膨大呈瘤状物；雌性个体无婚瘤。另外，尚有几种非共有的副性征，如雄性虎纹蛙的咽侧下有一对外声囊，雌性无；雄性棘胸蛙的胸部具有疵粒及角质刺，后肢特别强大，雌性个体无疵粒，后肢较小；雄性牛蛙鼓膜直径大于眼径，雌体的鼓膜等于或小于眼径。中国大鲵无明显副性征，鉴别雌雄的主要是泄殖孔大小和性状。雄性泄殖孔略大，周围外凸，外缘有一圈不规则小突起；雌性泄殖孔小，周围向内凹陷，外缘无小突起。

通常，亲蛙和亲鲵的雌雄比例为 1∶1。选择亲蛙和亲鲵时，除性别比例和年龄、规格外，需重视体质和种质。优良亲蛙和亲鲵的体质标准为身体较肥满，有活力，无疾病与伤残，副性征明显。另外，应避免选杂交种、近亲交配和退化个体，及时更换亲本，防止近亲繁殖，造成种质退化。

（2）培育池。

亲蛙培育池培育亲蛙的池塘结构与鱼池相同，一般为土池塘，可与产卵池兼用多为长方形，面积以 20 ~ 30 $m^2$ 为宜，水深 50 ~ 80 cm；池底为锅底形，池塘的坡度应大一些，四周要有浅水滩，池边和浅水区种植一些植物作为亲蛙的隐蔽物和产卵的生态环境。池内岸边建一定数量的洞穴，棘胸蛙的亲体培育也可在池中布置小岛，岛中设多个洞穴和石缝及水草，供亲蛙栖息。塘外围 1 ~ 1.5 m 高的聚乙烯网布等围墙，以防蛙跳逃。

（3）饲养管理。亲蛙和亲鲵的饲养管理工作主要包括创造舒适环境条件、巡塘、投饲、调节水质、预防病害等。

创造舒适的环境条件。包括池塘环境幽静、阴凉，一切忌干扰和嘈杂；水流动，水质清凉；池边有蓖麻、瓜类等阔叶植物，浅水区种植挺水植物，水面培植风眼莲等漂浮植物，池上搭凉棚。

巡塘：每天早、中、晚巡塘一次，观察蛙、鲵活动与摄食和水质、水位等情况，检查围墙、围栏（池周围的聚乙烯网布等），清扫饲料台或食场。

投饲：加强春节产卵前期、产卵期间和秋冬季产后期的投饲工作，以保证亲体性腺和成熟性细胞发育所需要的基本营养物质。投喂饲料的种类应根据亲蛙被驯饲的情况而异，如能够摄食人工配合颗粒饲料的，可混合投喂配合饲料与动物性饲料，尚未驯化的自然亲蛙一般不摄食配合饲料，只能投喂动物性饲料。配合饲料的日投饲量为亲蛙体重的 2% ~ 5%，动物饵料为 10%左右。每日一般投喂 2 次。

三个时期的投饲饵料的种类有所不同，春初投喂鲜鱼、蛆蝴、蝇蛆等活饵，随着温度提高，喂含蛋白质 35%的配合饲料。临近产卵时，摄食量减少，主要投喂少量活饵料，抱对时停食；产后食欲增加，多投喂鲜活可口的动物性饲料，1 个月后，投喂含蛋白质 32% ~ 35%、脂肪 10%左右的配合饲料，然后转入正常性饲养管理；秋后期气温下降，投饲量减少，以鲜活饵料为主。另外，在昆虫繁盛期，采用黑光灯等诱捕各种昆虫供亲蛙摄食。

### 4.2.2 催情产卵

蛙类和中国大鲵在人工养殖的条件下能够自然产卵受精，但产卵时间不集中，通过注射外源激素可促其群体集中抱对产卵，缩短繁殖时间，提高产卵效率，获得规格整齐的苗种。

（1）催情产卵药物与原理。两栖类的催情产卵药物和原理与鱼类相同，人工注射的绒毛膜促性腺激素（HCG）、蛙和鲵脑垂体（PG）、促黄体释放激素类似物（LRH-A）和马来酸地欧酮（DOM）等催情剂，在体内的作用途径不同，前两者直接促使性腺生殖细胞成熟，即排卵和排精，后者则促使脑垂体分泌促性腺激素，进而影响生殖细胞成熟。蛙脑垂体的采取：去掉头盖骨，在延脑的腹面视神经交叉处可见到埋于淋巴组织内的粉红色脑垂体，其采取和保存方法与鱼类相同。

（2）产卵池和催产用具。亲蛙培育池一般兼作产卵池，水深 30～50 cm，池中应有少量水草，有利于繁殖并附着受精卵。催产的主要用具包括：消毒盒、注射器与针头、研钵、镊子、毛巾、白瓷盆、碗、温度计、量筒等。

（3）催产期的确定与成熟度鉴别。蛙类的繁殖季节都在春季，但繁殖适温有一定差异，其中中国林蛙的繁殖期较早。当发现亲蛙摄食量明显降低，雄蛙的婚垫格外明显，不停高声鸣叫，并有追逐雌性行为，表明两性蛙即将抱对产卵。选择身体肥满，雌体腹部胀大，雄体婚垫明显的蛙，按 1∶1 比例进行人工注射催产剂。

（4）发情与产卵。效应时间注射催情药物后到开始鸣叫抱对和产卵的时间，与蛙和药物种类、温度以及成熟度有关。一般注射后 6～10 h 开始鸣叫、抱对；注射后至产卵的时间；棘胸蛙为 12～16 h 或更长一些时间，中国林蛙为 40～48 h，牛蛙为 48 h 左右。PG 与 HCG 的效应时间较 LRH-A 和 DOM 的短一些，几种药物混合注射时更短一些。效应时间随温度增高而缩短。中国大鲵的效应时间较长，一般为 109～219 h。

（5）人工授精。蛙类和中国大鲵一般不采取人工授精方式获得受精卵。在开展科研工作和雄蛙较少的情况下，也进行人工授精。蛙类的人工授精采用湿法，即解剖腹部将精巢取出，除掉结缔组织并用滤纸吸干血液和水分，在研钵中研磨成浆，加生理盐水搅拌成悬浮液，然后将蛙卵挤入并用羽毛搅动片刻，再用水洗 1～2 次即可。中国大鲵的人工授精则采用干法。

### 4.2.3 孵化管理

蛙类和中国大鲵受精卵孵化用水质量标准和对溶解氧、pH 等外界条件的适应与淡水鱼类基本相同，放卵密度：土池塘为 2000 ~ 3000、混凝土池为 5000 ~ 10 000、网箱为 10 000 ~ 15 000。每个孵化容器中应放同一天产的卵，以保证集中出膜，鳅蚌的规格整齐。放卵时，应尽量使黑点朝上，并使卵呈均匀分布。孵化期间管理工作的主要内容依孵化方式而异。混凝土池微流水孵化管理工作包括调节水量，刷洗溢水孔滤水筛，检查孵化用水过滤的质量，观察胚胎发育情况，按时测定成活率、水温、溶氧、pH，防止病害和处理异常现象；静水孵化管理工作则应根据水质情况定期换水。网箱孵化的管理内容主要是刷洗网箱，其他管理项自同上。

## 4.3 养殖类两栖动物常见疾病防治

### 4.3.1 中国林蛙蝌蚪期常见疾病

中国林蛙（*Rana chensinensis*）为两栖纲、无尾目、蛙科、蛙属，俗称蛤士蟆，是一种经济价值很高的食、药、补为一体的珍贵两栖类动物。中国林蛙的主要药用部分是雌性个体的输卵管干制品，即林蛙油，俗称哈士蟆油，具有“滋补益精、养阴润肺、补脑益智”等功效，因此，中国林蛙具有重要的经济价值。中国林蛙主要分布在中国东北三省，对其的养殖大都在黑龙江、吉林和辽宁三省，但是近年来由于生态环境的严重破坏和过量捕捉，野生资源急剧减少，为了满足市场需求，发展中国林蛙人工养殖势在必行，而蝌蚪期饲养是中国林蛙养殖的关键时期，其疾病防治尤其重要。

1. 蝌蚪出血病

蝌蚪出血病由呼肠孤病毒引起，当水质恶化、水中溶氧偏低、蝌蚪抵抗力低下、病毒量多时易发生流行。患病蝌蚪尾部皮下肌肉有出血现象，蝌蚪腹部膨大，透过腹部皮肤能清晰可见蝌蚪肠管充血发红症状。

防治方法：① 在发病季节，每立方米水体每隔 15 ~ 20 d 用 15 g 生石灰溶水后全池泼洒，或用漂白粉 1 ~ 1.5 g 或二氯异氰脲酸钠 0.3 ~ 0.6 g，或三氯异氰脲酸粉 0.2 ~ 0.5 g 溶水全池泼洒，可预防本病的发生。② 用蝌敌杀溶液 1 mL/m$^3$，全池泼洒，连用 3 ~ 5 d，可使患病蝌蚪痊愈。

2. 蝌蚪气泡病

蝌蚪气泡病发生多为孵出 18 ~ 20 d 的蝌蚪。蝌蚪肠内充满气泡，腹部膨胀，轻者腹面向下，重者腹面向上，肉眼可见腹部皮下有一绿豆粒大小的气泡，随着气泡增大而失去自由游泳能力，缓游，不能下沉，只能仰游于水面，并逐渐失去身体平衡。严重时，膨胀的气体干扰和阻碍正常血液循环，破坏心脏。解剖后可见肠壁充血。

蝌蚪气泡病主要因饲养过程中水质不洁，有机质大量发酵产生气泡并被蝌蚪吞食所致；池水温度高，水中浮游植物多、强烈光照条件下，植物光合作用产生大量氧气，引起水中溶氧量过饱和；地下水含氮过饱和，或地下有沼气；温度突然升高，造成水中溶解的气体过饱和。这些过饱和的气体形成气泡，蝌蚪取食过程中不断吞食气泡，气泡在蝌蚪消化道内聚集过多，便引发气泡病。

防治方法：① 清除池中的水草，控制水的肥度，保持水质“肥、爽、活”，凡是水生植物过于繁盛的水池，应经常注入新水。② 将发病蝌蚪捞到清水池中暂养，降温保洁。禁食两天，可使体内气体分压平衡而使气泡消失，然后再投喂一点煮熟的米糠等饵料，几大后可痊愈。③ 尽量在上午 9 时以前喂饱蝌蚪，以免在中午水温较高时，因饥饿而吞食水生植物光合作用时所放出的小气泡。④ 蝌蚪饲养池所用水尽量用含气体较少的水，尽量少用地下水，因为有的地下水含氮量较高，易使蝌蚪患气泡病。⑤ 在蝌蚪饲养池中加入食盐治疗，每立方米水体加入食盐 15 g，溶解后全池泼洒，可治疗本病。

3. 蝌蚪水霉病

蝌蚪水霉病是由水霉真菌寄生引起。患病蝌蚪体表皮肤里有灰白色棉絮状绒毛水霉寄生，菌丝分泌的蛋白质水解酶使菌丝生长处的皮肤肌肉溃烂。由于菌丝吸收蝌蚪的营养物质，使蝌蚪消瘦、烦躁不安。

防治方法：① 拉网、运输、放养蝌蚪时，操作要细致，避免使蝌蚪体表擦伤。进入饲养池以前要用 10 mg/L 高锰酸钾浸泡 10 min，每天两次。水池用浓度为 20 mL/$m^3$ 福尔马林消毒。② 用 3% ~ 4%的食盐水浸洗患病蝌蚪 5 分钟。③ 用食盐与小苏打合剂泼洒池水，以 8‰浓度的食盐与小苏打合剂。④ 用 1 mg/L 硫醚沙星浸洗患病蝌蚪 5 分钟，对防治水霉菌有特效。或全池泼洒硫醚沙星，每立方米水体用 0.2 ~ 0.3 克，每天 1 次，连用 2 天。

4. 蝌蚪肠炎病

肠炎的病原为细菌，可能是气单胞菌和链球菌。投喂不洁饵料易引发肠炎。如果消毒处理不当极易引起肠炎，导致大批死亡。蝌蚪活动异常，取食量明显减少，反应迟钝，蝌蚪发病后多浮于水面。解剖可见腹腔积水，胃肠壁严重充血，消化道内无食物，但是有大量黏液。

防治方法：① 肠炎的发生多与水体和食物不洁有关，因此要定期换水保持水质清新，不喂发霉变质的饵料，并在饵料中加一些中药，如大蒜、生姜、黄连等。② 饵料投喂要定量、定时、定点，切忌投喂过多的饵料，一般以投饵后 2 小时吃完没有剩余或有少量饵料剩余为宜，以免蝌蚪贪吃过饱引起肠炎。③ 发病后要及时进行水体消毒，可用 1 mg/L 的漂白粉泼洒，并在饵料中加拌磺胺类药物，每 1 kg 饲料加磺胺 3 g。

5. 蝌蚪烂皮病

蝌蚪烂皮病多因皮肤有创伤，感染细菌，进而导致皮肤发炎溃烂。养殖密度过高、饵料不充足、蝌蚪相互咬伤会引发此病。发病早期，病体皮肤局部充血、发炎，严重时病体游泳缓慢、精神不振、停止取食、体表多处发生溃烂，严重时会烂及骨头。

防治方法：① 在饵料中适量增加维生素 A，以减少皮肤溃疡，用脱脂棉蘸 100 mg/L 的高锰酸钾溶液涂擦患处，每天 2 次，连续 3 天。② 在饵料中加拌土霉素，每 1 kg 饵料加 1 g，连续投喂 3 天。③ 每天换 1 次水并用 1 mg/L 浓度的漂白粉全池消毒。

6. 蝌蚪车轮虫病

蝌蚪车轮虫病由车轮虫寄生于蝌蚪皮肤上所引起的一种蝌蚪寄生虫病。在显微镜下观察，虫体侧面呈圆盘状，在圆盘周围均匀分布有整齐的纤毛，中央有一个明显的圆形齿杯。该病多发生在密度高、水浅的蝌蚪池内。车轮虫主要寄生在蝌蚪体表和鳃上，被大量车轮虫寄生后，体表和鳃出现青灰色斑点，尾部发白，游泳迟钝，常浮于水面喘息，摄食减少，身体消瘦进而导致死亡。

防治方法：① 放养前用生石灰清池消毒，控制放养密度，定期换水，保持水质清新。② 蝌蚪发病时，可以用 2%的食盐溶液浸泡蝌蚪 15 min，每天 1 次，连续 5 天，同时用 5 mg/L 浓度的硫酸铜全池泼洒消毒，每天 1 次，连续 3 天。③ 全池遍洒福尔马林，浓度为 30 mL/m$^3$，药浴 1 小时后再加满池水，并进行换水。

7. 蝌蚪烂鳃病

蝌蚪烂鳃病是由念珠菌引起。患病蝌蚪鳃部腐烂，鳃丝充血，鳃上附着污泥和黏液，呼吸困难，行动迟缓，不摄食，常并发其他细菌感染而死。

防治方法：① 放养蝌蚪前，蝌蚪池可用生石灰清塘处理，达到预防的目的。每亩用量 125 ~ 150 kg。② 发病后，患病池用 1 mg/L 浓度的漂白粉或浓度为 20 mg/L 生石灰水全池泼洒治疗。

### 4.3.2 牛蛙常见疾病的发病机制及治疗

1. 车轮虫病

车轮虫病病原为原生动物门、纤毛纲的单细胞动物车轮虫。因其反口面观似车轮而得名。侧面观似钟形。它寄生在蝌蚪体表和鳃上，以纤毛摆动在蝌蚪体表滑行，以孢口吃蝌蚪组织细胞和血细胞。患前几天蝌蚪食欲减退，呼吸困难，动作迟缓而离群，常招致大量死亡。

防治方法：减少蝌蚪的养殖密度，加强营养，以预防发病；发病初期每立 1 m$^3$ 水体用硫酸铜 0.5 g 和硫酸亚铁 2 g 合剂或 0.7 g 硫酸铜全池泼洒；每 667 $m^2$ 水面用切碎的韭菜 20 g 与黄豆混合磨浆，均匀泼洒。

2. 蝌蚪肤霉病

蝌蚪肤霉病主要是感染水霉菌所致。菌丝先从伤口侵入、逐渐深入肌肉，并向体外长出分枝繁茂的白色菌丝。水霉菌侵入危害后多导致其他病菌加害于蝌蚪。蝌蚪体表受伤处可见白色棉絮状纤维。患病蝌蚪活动迟缓、摄食困难、体弱，严重者并发其他疾病致死。

防治方法：避免蝌蚪体表受伤；对患病蝌蚪用 0.0005‰ 高锰酸钾溶液消毒。

3. 蝌蚪烂鳃病

蝌蚪烂鳃病是由黏液球菌侵入蝌蚪鳃部所致。蝌蚪鳃丝腐烂发白，鳃上常附污泥和黏液，呼吸困难，常游于水面，活动缓慢，严重者伴发其他疾病致死。

防治方法：蝌蚪池用生石灰消毒清池；蝌蚪池水每 1 $m^3$ 用生石灰 20 g，或用漂白粉 1 g，调成水剂后泼洒，隔日再施用 1 次，效果明显。

4. 舌状虫病

病原体为舌杯虫，属原生动物门，纤毛纲单细胞动物。舌状虫多寄生在蝌蚪尾部，以周围水中的食物粒作营养。对寄生组织无直接破坏作用，但在蝌蚪密度高，每年 7 ~ 8 月份发病高峰期感染快，舌杯虫繁殖数量多，对蝌蚪危害增重。

防治方法：消毒池塘，改善水质；每 1 $m^3$ 水体用 0.7 g 硫酸铜泼洒，7 h 后有 70%的虫体从蝌蚪身上脱落，24 h 治愈率 95%以上。

5. 出血病

出血病是由多种细菌和真菌感染所致。已长后腿的蝌蚪腹部及尾部有出血斑块，故又称红斑病。蝌蚪在水中打圈一段时间后沉入水底死亡。

防治方法：定期消毒水体，经常保持饵料卫生，及时清除剩饵；将蝌蚪高度集中于网箱内，按每万尾蝌蚪用 50 万 IU 青霉素和 50 万 IU 链霉素液浸泡 30 min，疗效显著。

6. 锚头鳋病

锚头鳋病病原体为锚头鳋寄生，虫体头部深钻进蝌蚪肌肉组织内，吸收蝌蚪的营养，虫体其他部分则留在蝌蚪体外。1 尾蝌蚪如有 1 ~ 2 个锚头鳋寄生时，症状较轻；如有 3 ~ 4 个或更多虫体寄生，则蝌蚪很快致死。患病蝌蚪胴体与尾交界处肌肉组织发炎红肿，甚至溃烂，导致生长停滞、消瘦，严重时死亡。

防治方法：① 用 0.01‰ ~ 0.02‰浓度的高锰酸钾溶液浸泡患病蝌蚪 10 ~ 20 min，1 次/d，连续治疗 2 ~ 3 d。锚头鳋在两周后陆续死亡。用药水浸泡蝌蚪时，蝌蚪会浮头，可在浸泡后用清水洗去蝌蚪鳃上少量被药水氧化的黏液和沉积的微量二氧化锰，处理后蝌蚪将呼吸正常而不再浮头。牛蛙成体也发现有锚头鳋寄生的情况，但危害比蝌蚪轻些。防治方法同上。② 也可用 0.0005‰ 的敌百虫液或鲜松树叶汁全池泼洒。

7. 烂皮病

烂皮病是饵料单调、缺少 VA 而引起病菌感染之故。病初，牛蛙头部的背面皮肤失去光泽，出现白花纹章，接着表皮层脱落，真皮层开始腐烂，露出皮下肌肉。烂皮区再逐渐扩展到躯干，以至整个背部。与此同时，还可能出现关节肿大，皮下、腹腔积水肿胀，歪颈，内脏病变并发红腿病等多种症状。患病初期，眼睛瞳孔先是出现黑色粒状突起，之后变白，并扩展使全眼呈现白色，失去视觉。患烂皮病的牛蛙轻则活动、取食减少，重则不食不动，喜潜居阴暗处，并常用指端抓患处，导致出血。

防治方法：① 变单一饲料为多样饲料，尤其要增喂富含 VA 的饵料。发病季节每 1 kg 饵料中添加 VD 及 VB6 各 0.1 g。② 加喂鲜鱼肝或其他动物的肝脏，每只病蛙隔日喂 1 次，每次 1 g；或口服适量鱼肝油制剂，效果显著。③ 对于细菌引起的烂皮病，可在每 1 kg 饵料中拌土霉素 3 ~ 5 g，或用庆大霉素（10 kg 水中加 80 万 IU）水浸泡病蛙 24 h，再用红霉素软膏涂抹患处。也可用 0.00002‰ 苯扎溴铵溶液浸蛙。疗法相同。④ 由真菌引起的烂皮病则在每 1 $m^3$ 水中加高锰酸钾 3 g，全池泼洒。⑤ 一般经 1 周治疗可能痊愈。此时，烂皮处再生新组织，眼睛白色消退，开始摄食，活动增加。

### 4.3.3 棘胸蛙养殖常见的病害及防治

棘胸蛙又名石鸡、石冻、石蛙、石坑蛙等，是我国特有的大型食用蛙，药食同源，是名贵的山珍之一。棘胸蛙养殖投资少、经济效益高，是山区农民致富的一条好门路。棘胸蛙对生活环境要求较高，在人工养殖过程中，由于养殖水域水质恶化、饲养管理不善等原因，常发生一些病害，给养殖者造成一定的经济损失。

1. 车轮虫病

由车轮虫寄生而引起。5 ~ 8 月为该病的流行期，易发生于密度大的蝌蚪池。车轮虫主要寄生在蝌蚪的皮肤和鳃上，损伤皮肤和鳃组织，主要症状为蝌蚪游动迟缓或离群独游，漂浮于水面，体表可见青灰色的斑点；蝌蚪食欲减退，甚至停食，最终衰弱而死；鳃丝肿胀，黏液分泌过多，影响呼吸和生长，严重时蝌蚪尾部发白。

防治方法：① 每 1 L 水体用 0.5 mg 硫酸铜和 0.2 mg 硫酸亚铁兑水全池泼洒。② 每亩水面用切碎的韭菜 250 g 与黄豆混合磨浆，全池泼洒，连用 2 ~ 3 次。③ 每 1 $m^3$ 水体用 25 g 苦楝树叶煮水全池泼洒。

2. 舌杯虫病

病原体为舌杯虫。舌杯虫以附着盘附着在蝌蚪尾部，食用水中的有机微粒。对寄生组织无直接破坏作用，但影响寄主正常的摄食和生长，感染数量较多时，蝌蚪体形消瘦，甚至死亡。每年 7 ~ 8 月为该病的发病高峰期，尤其在养殖密度高的蝌蚪池中易发生。防治方法：① 每 1 L 水体用 0.5 mg 硫酸铜和 0.2 mg 硫酸亚铁或用敌百虫（含量 90%）0.2 ~ 0.4 mg 兑水后全池泼洒。② 放养前用生石灰彻底清塘，平时注意保持蛙池卫生，可预防舌杯虫病的发生。

3. 红腿病

红腿病又称败血症，为蛙体受伤后感染嗜水气单胞菌所引起。棘胸蛙红腿病为蝌蚪、幼蛙和成蛙的常见病，一年四季均流行，夏季易暴发。

该病传染快、病死率高。病蛙精神不振，常低头伏地，活动缓慢或潜伏水中不动，食欲减退甚至绝食，腹部及腿部肌肉呈点状充血或出血。防治方法：① 用 2%～3%的食盐水或 20%的磺胺类药液浸浴 10 min。② 饲料中拌入适量的盐酸黄连素等安全药物，5 天为一个疗程，每月喂 1～2 个疗程。③ 配制 25%的葡萄糖生理盐水（蒸馏水 100 mL，加 0.1 g 食盐和 25 g 葡萄糖），每 100 mg 生理盐水中加 40 万国际单位的链霉素，浸浴 5 min，每天 1 次，直至病愈。④ 每公斤蛙体重用氟苯尼考或甲砜霉素 15～20 mg，拌饲投喂，1 天 1 次，连用 3～5 天。

4. 烂鳃病

病原菌为念珠菌。患病蝌蚪鳃丝腐烂发白，鳃上常附污泥和黏液。呼吸困难，常游于水面，活动缓慢。严重者并发其他疾病致死。防治方法：① 全池泼洒含氯制剂，每 1 L 水体用“优氯净”0.5～0.6 mg 或漂白粉 1 mg，连用 3～4 天为 1 个疗程。② 每公斤体重内服盐酸土霉素 30～50 mg 或卡那霉素 10～30 mg 或氧氟沙星 10 mg，拌饲投喂，1 天 1 次，连用 3～5 天。

5. 表皮溃烂病

病原之一是醋酸钙不动杆菌或饲料中缺乏维生素 A、维生素 D，造成营养失衡也易引发溃烂病。棘胸蛙表皮溃烂病主要发生在变态完成后的幼蛙阶段，在以蚕蛹为主要饲料的池塘中发病率较高，引起的病死率也较高。主要症状为头背部皮肤失去光泽并出现白斑，之后表皮脱落并开始腐烂，严重时可扩展蔓延到整个背部和四肢。与此同时，眼睛瞳孔先是出现黑色粒状突起，后变成白色，失去视觉。病蛙喜潜居阴暗处，不吃、不动，不肯下水。防治方法：① 病情较轻者，可用 10 mg/L 的高锰酸钾溶液浸浴 30 min，连续浸泡 3～5 d，伤口可愈合。② 病情较重者，可用 2.5%的食盐水浸浴 2 h，连续浸泡 3～5 d。③ 每 1 kg 饲料中添加氟苯尼考 0.5～1.0 g，拌饲投喂，连喂 5～7 d。④ 每公斤饲料中用 5%的硫酸新霉素 2 g，拌饲投喂，每天 1 次，连用 4～6 d。⑤ 每公斤饲料中添加三黄散 5 g，拌饲投喂，每天 2 次，连用 5～7 天。

6. 爱德华菌病

病原菌为迟钝爱德华菌。在饲养过程中环境变化过快、蛙的应激反应过大时易发生。该病传染性较强，主要危害变态后的幼蛙和成蛙。该病在整个养殖周期均会发生，以秋季多发，发病后病死率较高。外观病蛙腹部膨胀，皮肤充血或点状充血，肛门红肿；解剖可见腹腔积水，肝肾肿大、充血或出血坏死。防治方法：① 在饲养过程中应尽量避免给蛙过度的刺激，尤其要保持水质的稳定。放养密度要合理。② 每 1 L 水体用三氯异氰脲酸 0.3 ~ 0.6 mg 兑水全池泼洒，第 2 天每 1 L 水体用土霉素 2 mg 兑水全池泼洒。同时在每 1 kg 饲料中拌入氟苯尼考 30 ~ 50 mg，连用 5 ~ 7 d。③ 每公斤饲料中添加三黄散 5 ~ 6 g，拌饲投喂，每天 2 次，连用 5 ~ 7 d。

### 4.3.4 黑斑蛙常见病害防治

黑斑蛙又名青蛙、田鸡，是蛙科侧褶蛙属的两栖类动物。养殖成功后的效益可观是近些年黑斑蛙备受追捧的主要原因。高利润的同时也伴随着高风险，该品种养殖成本大、风险系数高、养殖门槛高，对从业人员相应的技术要求很高，需要科学的养殖方法，需要了解黑斑蛙的常见病害，做好前期预防工作，避免盲目养殖。

1. 气泡病

黑斑蛙气泡病主要发生在 4 ~ 5 月的蝌蚪期和变态期，这两个阶段因为都生活在水中，长期投喂粉料易导致水质过肥。水体溶氧过饱和后在水中形成微小的气泡，蝌蚪会误食，另外气泡大量附着在蝌蚪的体表造成上皮组织顶起，引发的症状称为气泡病。防治措施：间隔 3 ~ 5 d 换水 1 次，温度高时两天换水 1 次，每次换水量 20%，降低水体肥度。定期使用芽孢杆菌瘦水、分解残饵，以保证水质清新。黑斑蛙发病期间，应及时消毒以缓解、修复体表炎症，常用戊二醛、苯扎溴铵溶液，此类消毒剂杀藻能力强，能迅速降低水体肥度。

2. 腹水病

病蛙腹部膨大，行动迟缓，解剖病蛙发现腹腔内有大量积水，幼蛙和成蛙多发。主要原因：料台没有定期清理，剩余的饲料变质或霉变，青蛙摄食后造成严重肠炎继而产生腹水。饲料投喂量过大、肠道及肝胆负荷重时多发。该病常与肠道内寄生虫病并发。防治措施：每 15 d 清理 1 次食台，方法为用聚维酮碘溶液清洗后晾晒 1 ~ 2 d，食台数量不够的蛙池可交替清洗。高温季节发现该病要及时减料，同时内服阿苯达唑粉驱虫 2 ~ 3 d，内服氟苯尼考粉+亚硫酸氢钠甲萘醌粉+多西环素粉，5 ~ 7 d 为 1 个疗程。

3. 红腿病

患红腿病的蛙表现为四肢无力、精神不佳、摄食欲望下降。病蛙四肢充血，腹部及下颌有出血点。病蛙死前常出现呕吐、便血等症状。该病传染速度快，致死量大，若治疗不及时严重的死亡率可达 90%以上；多发于 5 ~ 10 月高温季节，主要原因为场地消毒不彻底，蛙养殖密度过高。防治措施：每月使用聚维酮碘溶液消毒两次，做到不留死角，沟内可采用挂消毒剂点滴的方式保持消毒剂的浓度，达到彻底消毒的效果。发病期间，全池消毒，蛙内服恩诺沙星粉+亚硫酸氢钠甲萘醌粉，连续 5 ~ 7 d。

4. 歪头病

歪头病为细菌和病毒混合感染引起，常与白内障并发。病蛙双目失明，头部发生歪曲，常见幼蛙在水中打转，继而死亡。此病治疗难度大，也是黑斑蛙养殖最大的“杀手”，死亡量大。由于病原直接入侵蛙脑部，造成脑部神经错乱，导致治疗难度大，蛙死亡持续时间长。在很多养殖区域，该病预防及治疗取得成功已成为黑斑蛙养殖成功的关键。防治措施：水沟场地要定期消毒，高发期每月内服氟苯尼考粉+亚硫酸氢钠甲萘醌粉+三黄散，连续 5 ~ 7 d。发病蛙池应及时隔离，防止交叉感染。在池周围使用生石灰化水趁热泼洒。治疗期间池内每两天消毒 1 次，要及时捞出病蛙，同时黑斑蛙内服氟苯尼考粉 + 亚硫酸氢钠甲萘醌粉+盐酸多西环素粉+三黄散 5 ~ 7 d。

# 第五章　棘腹蛙传染病诊断与防控

## 5.1　棘腹蛙生物特性及其遗传资源保护分析

### 5.1.1　棘腹蛙生存环境特征

全球环境变化对两栖动物及其生物群落产生直接或间接影响，棘腹蛙（*Paaboulengeri*）的野外种群数量正在急剧下降。棘腹蛙隶属于无尾目、蛙科、棘蛙属的两栖动物。1889 年 Gunther 在湖北宜昌首次发现棘腹蛙后，Boulenger 在四川汶川县采到棘腹蛙标本，定名为新种 *Paatibetanus*，1920 年将棘腹蛙作为棘胸蛙（*P.spinosa*）之同物异名；1932 年徐锡范等将峨眉山及灌县所采的棘腹蛙标本认为是 *P.tibetanus*。

棘腹蛙体形较大，雄性体长约 60 mm，雌性体长约 71.1 mm，头略扁，头宽大于头长，吻钝圆突出于下颌且吻棱不明显，鼻孔略近眼前角，眼间距略小于鼻间距，鼓膜不明显，唯骨膜尚可辨认，锄骨齿两斜行自内鼻孔斜向中线但不相遇，舌后端缺刻深而明显，眼后有一横肤沟。雄性前肢发达，指端圆，指长顺序为第 3 指>第 1 指>第 4 指>第 2 指，第 1 指基发达，指侧无缘膜，指关节下瘤明显尤以第 1 指最大。后肢强健，胫跗关节前达眼部；左右跟部仅相遇不重叠，趾端膨大成球状，趾间全蹼，第一、五趾的游离缘均有缘膜，关节下瘤发达，第一趾的较大，内跖突细长，无外跖突。皮肤粗糙，背部有若干成行排列的窄长疣，后肢跗跖背面也具有与背部排列方向一致的窄长疣，长疣之间有极多粒状疣粒，疣粒上均具有小黑刺，疣的分布除背部外，鼻间、头顶及跗跖均明显，雄性腹面除腹中线近肢部的 1/4 三角形区域外，其余部分均布满具疣状基部的大小不等的黑刺，后肢腹面第四、五趾腹面均无刺，雌性腹面光滑无刺。棘腹蛙现被列入《中国濒危物种红皮书》《中国物种红色名录》“易危”种和 IUCN “VU” 等级。棘腹蛙在维护自然界的生态平衡中起着重要作用，也是环境监测的指示动物，棘腹蛙对水质、地质、气候等都有较高的要求。

棘腹蛙是我国特有土著物种，主要分布在山西、陕西、甘肃、四川、贵州、广西、江西、云南、湖北、湖南省和重庆市等地，其中湖南、湖北、四川和贵州四省交界的武陵山区是棘腹蛙的重要分布区。棘腹蛙为群居动物，除繁殖季节外，活动范围相对固定，常在海拔约 400 ~ 1900 m 区域活动。因棘腹蛙畏光、怕声、喜阴凉，故多栖息于人迹罕至、群山密布、草木葱郁且水流舒缓的山溪中或山溪旁的水塘内，环境水温为 14 ~ 26℃，最适温度为 16 ~ 23℃。

### 5.1.2　棘腹蛙生长习性

棘腹蛙分布在海拔 170 ~ 1260 m 的山间溪流，海拔 700 m 以上为成蛙主要分布区，属山区溪流型动物。棘腹蛙蝌蚪主要以浮游生物为食；幼蛙的开口摄食阶段是整个蛙类生活史中的关键时期，开口饵料是影响其生长、存活的关键因子之一，国内的学者对棘腹蛙幼蛙的饲养密度、日食量、开口饵料等进行了研究。成蛙以动物性饵料为主要食物，占 80% 以上，其中以昆虫为主，如倍足纲（Diplopoda）、唇足纲（Chilopoda）、蜘蛛目（Araneae），昆虫中的鳞翅目（Lepidoptera）、鞘翅目（Coleoptera）、直翅目（Orthoptera）等。

1. 棘腹蛙食性

棘腹蛙蝌蚪肠的长度为体长的 8.16 倍，蝌蚪以藻类为主要食物，包括硅藻、隐藻、绿藻和蓝藻等门的 24 个属，其中主要以硅藻为食，占棘腹蛙蝌蚪所摄食藻类的 70%；此外，棘腹蛙蝌蚪还食用原生动物以及水生植物的叶、花和种子。棘腹蛙成体的消化道全长约为体长的 2.5 ~ 4.0 倍，以摄取动物性饵料为主，在其食物中的总占比达 90%以上，昆虫为其食物组成的总体，占总量的 80%左右，棘腹蛙成体还摄食植物以及两栖类动物，植物性食物大多为植物碎叶片、花和种子等。与其他蛙类的显著区别是，这些植物性食物普遍存在于棘腹蛙的消化道中。

2. 棘腹蛙行为

廖常乐等对人工养殖环境下棘腹蛙非繁殖期摄食行为进行了研究，结果表明：棘腹蛙幼蛙早于成蛙出来觅食，雄蛙出来觅食的时间早于雌蛙；棘腹蛙摄食高峰期一般在 19:00 ~ 20:00 时。在整个摄食过程中，棘腹蛙的行为可表现为静止、跳跃、转向、捕食、侵占、驱赶、打斗、爬行，不同大小、不同性别的棘腹蛙在行为上表现有所不同，其中幼蛙与成蛙、雌性成蛙与雄性成蛙之间在摄食行为上存在差异。

3. 棘腹蛙繁殖特性

棘腹蛙每年 4 月左右出蛰，当水温达到 12 ~ 16℃时，便开始进行繁殖。5 月到 9 月为繁殖时期，6 ~ 7 月时繁殖率达最大。棘腹蛙生殖系统发育良好，雌性卵粒很大，一半呈黄色一半呈黑色，充满卵巢，输卵管前端膨大，约为体长的 1.75% ~ 4.00%；雄性精巢很大，第二性征明显。棘腹蛙卵的直径约 4 mm，卵外有 3 层厚胶质膜，卵为单层排列且有黏性，能黏附在石块、水生植物上并不易脱落，故棘腹蛙多在溪边水坑中产卵，有时也在山溪石下或水塘石下产卵。棘腹蛙虽产卵多，但孵化率低，为 50%左右，成活率更是只有 20% ~ 30%。蛙卵一般在成蛙产卵 20 d 后在 17.0 ~ 21.5℃的水温中孵化为蝌蚪，之后蝌蚪在水中落叶下过冬，待第二年水温回升时逐步变态成蛙。人工饲养的棘腹蛙蝌蚪相比野生蝌蚪颜色略浅。人工饲养的变态蝌蚪以及幼蛙均小于野生棘腹蛙。人工饲养的棘腹蛙蝌蚪当年就会发生变态，而野生的蝌蚪一般在第二年甚至第三年才会变态。

1）棘腹蛙胚胎发育

1938 ~ 1941 年，研究人员在四川峨眉山采集和固定了一些棘腹蛙早期胚胎材料，于 1951 ~ 1955 年对该胚胎材料进行了研究，发现了棘腹蛙早期胚胎发育与环境的适应性特点；此后，持续对棘腹蛙的个体发育做了系统的研究，认为其个体发育时间较长，发育长达 262 h，以胚胎形态变化和生理特征的出现为基础，可将其分为 25 个时期，卵子很大，堆积着大量的卵黄，致使消化系统发育较晚，棘腹蛙是盘状卵裂，仅在动物极形成分裂线。

2）棘腹蛙性腺发育

Grant 等对棘腹蛙的生长情况进行研究表明：非冬眠棘腹蛙的体重、体长均大于经过冬眠的棘腹蛙的体重和体长，并早于冬眠组达到性成熟；棘腹蛙由幼蛙发育到性成熟的体重增长经历了“慢-快-慢-快-慢”5 个阶段，体长增长则经历了“慢-快-慢”3 个阶段。李文健等认为蛙的生长速度与其日食量存在很大关系，对棘腹蛙和棘侧蛙（*Paashini*）的研究表明：棘腹蛙与棘侧蛙虽存在地理分布的不同，但两种棘蛙在第 1 次性周期内性腺发育的程度、年龄顺序和性成熟年龄都相似，且属于多次产卵类型，繁殖期相近。

3）棘腹蛙的两性异形分析

研究发现，两栖动物两性的形态差异包括雌雄同型和雌雄异型，成年雄性体型与成年雌性体型大小相当即为雌雄同型，雌雄异型包括 2 种模式，即成年雌性体型大于雄性，或成年雄性体型大于雌性。雌性体型较雄性体型大的现象在两栖类中较为常见，较大的雌性有利于提高繁殖输出，雄性体型比雌性体型大则与雄性物种争夺配偶，提高繁殖成功率有关。约有 90%的两栖类物种是雌性体型大于雄性体型，这是较为常见的模式，因在繁殖策略中，较大的雌性个体通过增加其卵群大小增加了其适合度。研究表明，棘腹蛙雄性个体的体长、头宽、前肢长、足长和后肢长等各形态指标的平均值均大于雌性，且雄雌两性平均体长之比达到 1.08，表明棘腹蛙雄性个体是较大的个体，其两性异形模式为第 2 种类型。棘腹蛙的雌雄两性异形程度为 0.075，与同科的泽陆蛙的 0.080 相当，雄雌平均体长之比为 1.080，与同目的华南湍蛙的 1.101 相当。因此，棘腹蛙属于雄性体型偏大，但雌雄间差异较小的两栖类。

叉舌蛙科中，已有 5 个物种被报道存在两性异形现象（见表 5-1），其中棘胸蛙属中的棘胸蛙（*Q.spinosa*）和棘腹蛙（*Q.boulengeri*）的两性异形模式都是雄性体型大于雌性体型的模式，而海陆蛙（*Fejervaryacancrivora*）、虎纹蛙（*H.rugulosus*）、泽陆蛙（*F.limnocharis*）则属于雌性体型大于雄性体型。成年雄性棘腹蛙的头宽显著大于雌性，这一结果与棘胸蛙湖南种群未检测到其头部两性差异的情况不同。两栖动物的食物可利用范围与个体的头宽相关，较大头宽的个体能利用体积更大的食物，从而获取更多的能量有利于个体的增大。另外，成年雄性棘腹蛙的前肢长显著大于雌性，这与棘胸蛙金华种群的结果相一致。前肢长与棘腹蛙的繁殖活动有关，雄性有更长的前肢长便于在繁殖季节与雌性抱对，从而提高繁殖成功率。而两栖类足长则与跳跃有关，研究结果显示，棘腹蛙雄性成年个体足长显著大于雌性，相比于雌性，雄性因体形更大而需要获取更多能量，觅食活动较雌性更频繁，足长较长的雄性棘腹蛙更具备竞争优势而被选择。

表 5-1　叉舌蛙科中 5 个物种的两性异形模式

| 物种名称 | 两性异形模式 |
|---|---|
| 海陆蛙（*F.cancrivora*） | 雌性＞雄性 |
| 虎纹蛙（*H.rugulosus*） | 雌性＞雄性 |
| 泽陆蛙（*F.imnocharis*） | 雌性＞雄性 |
| 棘胸蛙（*Q.spinosa*） | 雌性＜雄性 |
| 棘腹蛙（*Q.boulengeri*） | 雌性＜雄性 |

### 5.1.3　棘腹蛙的进化分析

对棘腹蛙线粒体和核等位基因标记分析，揭示了相对气候变化来说，地质运动在推动棘腹蛙种群演化方面发挥着更大的作用。对棘腹蛙 28 个种群 290 号样本的线粒体基因组重排高变区进行测序和系统发育分析，发现了棘腹蛙线粒体基因重排的初始状态，支持了串联重复-随即丢失的线粒体基因重排机制。另外，研究者们也已经通过高通量测序和多种高效拼接技术完成了棘腹蛙线粒体基因组图谱，这些研究为棘腹蛙遗传物质中，代表母系遗传经典遗传物质“线粒体基因组”进化研究奠定了重要基础。在性染色体进化研究方面，通过性别位点的染色体定位、染色体涂染荧光原位杂交技术（fluorescence in situhybridization，FISH）和性别标记克隆测序等技术，对覆盖我国川西盆地、南部和东部地区的棘腹蛙的 16 个种群 687 号样本进行了分析,突破性发现棘腹蛙 X 染色体发生了易位重排，并呈现出明显的形态变化，以二态形式存在于种群中，并预测 X 染色体发生的结构改变，可能促进了重组抑制和性染色体分化。进而，再通过对这些样本的性别位点筛检和扩增发现：（1）发生染色体重排的区域，正常核型和重排核型的个体都有 X-Y 性别分化，表明 X-Y 性别分化与重排无关；（2）在遗传的多样性方面，重排区域的性染色体的有效种群大小较常染色体发生了降低。这两方面的结论，证明染色体易位重排不是染色体重组抑制的根本原因，但可以加速性染色体分化。这些进展对研究棘腹蛙性染色体进化来说意义重大。

## 5.2　棘腹蛙葡萄球菌感染的感染与分离鉴定

葡萄球菌属（*Staphylococcus*）是一群革兰氏阳性球菌，根据生化反应和产生色素不同，可分为金黄色葡萄球菌（*S.aureus*）、表皮葡萄球菌（*S.epidermidis*）和腐生葡萄球菌（*S.saparophytics*）三种。其中金黄色葡萄球菌多为致病菌，表皮葡萄球菌偶尔致病，腐生葡萄球菌一般不致病。引起棘腹蛙患水肿的病原种类非常复杂，与地域、季节和饲养管理条件等密切相关，即使是同一养殖场，不同时期的病原菌种类及比例也不一样。调查结果显示，在春末至秋初季节，棘腹蛙出现水肿现象的概率较高。葡萄球菌在同一养殖场中的传播方式为克隆传播。尽管本病一般无大流行趋势，但在个别养殖场，如果有该病的发生，就证明该养殖场的体质及该场的饲养管理状况，有待于进一步提高。

### 5.2.1　腐生葡萄球菌感染

1. 棘腹蛙材料收集

肝、脾、肺、心、血液等病料采集自疑似水肿病病死棘腹蛙；健康棘腹蛙 80 只，购自重庆市某棘腹蛙养殖场，规格为每只 80 g 左右。

2. 病原菌分离与致病性实验检测

无菌蒸馏水冲洗病蛙体表后，在超净操作台中接种病蛙发病部位的组织液和部分内脏器官于 LB 固体和液体培养基，28℃培养 24 h，同时做厌氧培养，观察细菌生长情况。对分离到的细菌进行纯化培养，并用 5% 兔血平板鉴定溶血性；挑取单个菌落革兰氏染色镜检，纯化后的候选菌株置-20℃保存。

用平板菌落计数法调整菌悬液浓度至 $5.0\times10^8$、$5.0\times10^7$、$5.0\times10^6$、$5.0\times10^5$、$5.0\times10^4$、$5.0\times10^3$、$5.0\times10^2$ CFU/mL。供试棘腹蛙分为 8 组，每组 10 只，暂养一周无任何病变后方可用于实验；接种组以 0.2 mL/只的剂量分别以点眼和腹腔接种的方式接种上述 7 种浓度的菌悬液；对照组接种 0.2 mL/只的无菌生理盐水。试验期间外界条件与暂养时相同，随时观察棘腹蛙症状。出现棘腹蛙死亡即时捞出并剖检，以不再发生死亡时为结束时间。从死亡棘腹蛙腹水、胃液和内脏再次分离细菌并进行鉴定。计算出该候选菌株感染棘腹蛙的半数致死量（$LD_{50}$）。

3. 细菌药敏实验检测

挑取纯化后的候选菌株单个菌落于 M-H 肉汤中，28℃恒温震荡培养 24 h。将培养物用生理盐水稀释为 0.5 倍麦氏浓度后用棉拭子蘸取菌液均匀涂布培养基表面，然后用镊子将纸片贴在琼脂平板表面，每张纸片间距≥24 mm，纸片中心距平皿边缘≥15 mm，28℃恒温培养 12 ~ 16 h 后测量抑菌圈大小并参照药敏试验判断标准来判定结果。

4. 细菌的分离与镜检

在剖检的患病棘腹蛙胃液和腹水分离到一株优势菌，命名为 CQWU201421 该候选菌株在 LB 固体培养基上呈表面光滑、湿润，不透明的菌落，在兔全血平板上出现完全透明溶血环。革兰氏染色后在光学显微镜下可观察到葡萄状堆积或排列的革兰氏阳性菌。

5. 细菌接种的致病检测

候选菌株接种棘腹蛙 3 d 后减少或停止进食，7 d 后陆续有病蛙死亡。

死亡棘腹蛙剖检可见表皮出现水肿，胃部严重出血，与自然感染结果一致；从发病棘腹蛙腹水和胃液仍能分离出与候选菌株生理生化特性一致的优势菌。候选菌株的 $LD_{50}$ 值为 $2.5\times10^7$ CFU/只。对照组棘腹蛙无任何异常。（表 5-2）

表 5-2　候选菌株对棘腹蛙的致病性试验结果

| 接种浓度/CFU/只 | 死亡数/接种数 |
|---|---|
| $5.0\times10^8$ | 9/10 |
| $5.0\times10^7$ | 6/10 |
| $5.0\times10^6$ | 4/10 |
| $5.0\times10^5$ | 1/10 |
| $5.0\times10^4$ | 0/10 |
| $5.0\times10^3$ | 0/10 |
| $5.0\times10^2$ | 0/10 |
| 对照 | 0/10 |
| $LD_{50}$ | $2.5\times10^7$ |

6. 细菌生理生化特性检测结果分析

研究发现该菌株为兼性厌氧菌，与葡萄糖、纤维二糖、阿拉伯糖、甘露醇、乳糖等反应呈阳性，与 β-半乳糖苷、硫化氢、七叶苷、丙二酸盐等反应呈阴性，符合腐生葡萄球菌的主要生理生化指标（表 5-3）。

表 5-3　候选菌株的生理生化特性鉴定结果

| 测试项目 | 结果 | 测试项目 | 结果 |
|---|---|---|---|
| β-半乳糖苷（ONPG） | − | 磷酸盐葡萄糖胨水 | + |
| 氰化钾生长试验管 | \| | D-甘露醇 | + |
| 乳糖 | + | 七叶苷 | − |
| 葡萄糖 | + | 麦芽糖 | + |
| 蛋白胨水 | + | 纤维二糖 | + |
| 硫化氢 | − | 水杨素 | + |
| 甘露糖 | + | 阿拉伯糖 | + |

续表

| 测试项目 | 结果 | 测试项目 | 结果 |
|---|---|---|---|
| 山梨醇 | + | DNA | + |
| 精氨酸双水解酶 | + | 肌醇 | + |
| 赖氨酸脱羧酶 | + | 木糖 | + |
| 西蒙氏枸橼酸盐 | − | 鼠李糖 | + |
| 棉子糖 | + | 尿素 | + |
| 丙二酸盐 | − | 明胶 | + |
| 无盐冻水培养基 | + | 6%Nacl 胨水培养基 | + |

7. 细菌的 16SrDNA 检测结果分析

将候选菌株使用 16SrDNA 通用引物扩增的 PCR 产物经 1%琼脂糖凝胶电泳鉴定后，阳性产物进行序列测定，得到长度为 1422 bp 的 rDNA 序列。将该序列提交 GenBank 进行 Blast 比对分析，发现其与睾丸酮丛毛单胞菌同源性高达 99.0%以上。选取部分已知睾丸酮丛毛单胞菌序列构建系统进化树，结果见图 5-1。

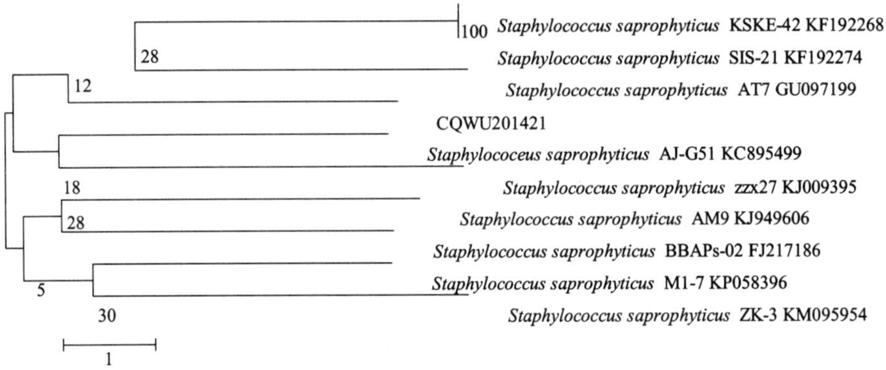


图 5-1　候选菌株 16SrDNA 系统进化树

8. 细菌药敏试验结果分析

试验结果表明，分离的该菌株对妥布毒素、多黏菌素 B、亚胺培南、头孢他啶、多西环素、氨苄西林、庆大霉素等抗生素较敏感。并对氨曲南、四环素和磷霉素三种抗生素具有较强的耐药性（具体见表 5-4）。

表 5-4　候选菌株的药敏试验结果

| 供试药物 | 纸片含量/（μg/片） | 抑菌圈直径 | 敏感性 |
| --- | --- | --- | --- |
| 氨曲南 | 30 | 0 | R |
| 氨苄西林 | 10 | 29 | S |
| 复方新诺明 | 23.75 | 22 | I |
| 庆大霉素 | 10 | 32 | S |
| 阿莫西林 | 10 | 36 | S |
| 万古霉素 | 30 | 12 | I |
| 替考拉宁 | 30 | 12 | I |
| 阿米卡星 | 30 | 20 | S |
| 四环素 | 30 | 7 | R |
| 米诺环素 | 30 | 22 | S |
| 氯霉素 | 30 | 14 | I |
| 环丙沙星 | 5 | 24 | S |
| 磷霉素 | 200 | 40 | R |
| 妥布毒素 | 10 | 30 | S |
| 多粘菌素 B | 300 | 14 | S |
| 亚胺培南 | 10 | 40 | S |
| 头孢他啶 | 30 | 40 | S |
| 多西环素 | 30 | 16 | S |

注：S—敏感；I—中度敏感；R—耐药

棘腹蛙感染腐生葡萄球菌后，全身出现肿胀，通过从腹部严重水肿的棘腹蛙的组织液中分离的菌株 CQWU201421 经过生理生化特性鉴定和 16SrDNA 鉴定可判定该菌株为腐生葡萄球菌。关于腐生葡萄球菌近年来报道较少，戈胜强，柴同杰等在乳房炎奶牛乳样中分离得到腐生葡萄球菌对其进行了分离鉴定，并检测了其对万古霉素及其他 12 种常用抗生素的药物敏感性。万古霉素是一种极为重要的糖肽类抗生素，但随着万古霉素在临床条件下应用的增加，腐生葡萄球菌对万古霉素也只是中敏。抗生素滥用使腐生葡萄球菌对药物的耐药性增加，从药敏试验结果，引起水肿病的腐生葡萄球菌对氨苄西林、头孢他啶、亚胺培南、阿莫西林均较为敏感，对复方新诺明、万古霉素、替考拉宁、氯霉素为中敏，对氨曲南、四环素、磷霉素完全耐药，说明这些药物不再适用于治疗和预防棘腹蛙去水肿病。腐生葡萄球菌引起的乳房炎对头孢他啶、阿米卡星、庆大霉素均较为敏感。部分菌株对磷霉素、氯霉素、四环素呈现耐药性，其中腐生葡萄球菌对氨曲南完全耐药。

### 5.2.2　金黄色葡萄球菌感染

金黄色葡萄球菌，简称“金葡菌”，它的细胞壁中肽聚糖占据 90%，而磷壁酸的含量为 10%，是一种主要的感染细菌。在自然环境中广泛存在，对各种理化因素有着较高的抵抗力。金葡菌在食品污染中占据着很重要的位置。美国疾病控制中心曾经报告，由金葡菌所引起的感染占感染病例中的第二位，仅次于大肠杆菌感染。被金黄色葡萄球菌感染会引起化脑炎、脓性炎症、心内膜炎等病症，严重者甚至会导致菌血症、败血症等病症，继发死亡。在世界各国各地区，由金葡菌引起的食物中毒在细菌性食物中毒中占据有较大的比例。经研究表明，其中肠毒素是造成金葡菌在食物中毒中的主要致病因子。目前国内外对金黄色葡萄球菌的研究主要是在临床分离株、猪源分离株、肉类分离株以及乳制品分离株方面，但其在水产品分离株方面的系统研究比较偏少。在棘腹蛙中，金黄色葡萄球菌感染后将导致皮肤溃烂。因此，研究棘腹蛙感染的金黄色葡萄球菌的理化性质可为其预防和治疗提供基础支撑。

1. 菌株来源与培养

棘腹蛙金黄色葡萄球菌 CQWU2013 分离株是从被感染棘腹蛙皮肤分离。将分离的菌株于各培养基中进行培养检测。包括：LB 固体/液体培养基、酯酶活性检测培养基、脲酶活性检测培养基、蛋白酶检测活性培养基、淀粉酶检测活性培养基、明胶活性检测培养基以及卵磷脂酶活性检测培养基。

2. 分离的金黄色葡萄球菌最适 NaCl 浓度

向 LB 液体培养基中加入 NaCl，使其的最终浓度分别达到 0.25%、0.5%、1%、2%、4%、6%、10%、14%、18%、20%，将以上不同 NaCl 浓度的 LB 液体培养基分装至三个同规格的三角瓶中，经过 121℃下高压灭菌 15 分钟，冷却后，取 500 μl 复壮的菌悬液加入以上不同 NaCl 浓度的 LB 液体培养基中，后将全部的培养基放入 37℃ 恒温培养箱中静置培养 12 h，后在波长为 600 nm 下测定其 OD 值，以无菌的 LB 液体培养基作为实验的空白对照组。

当培养基中所含的 NaCl 的浓度为 0.25% ~ 1%时，金葡菌的生长量随着 NaCl 浓度的增加而增加，而当所含 NaCl 的浓度为 1% ~ 20%时，金葡菌的生长量随着 NaCl 浓度的升高而降低，即金葡菌的生长增殖受到遏制，在 NaCl 浓度为 1%时，金葡菌的生长量达到峰值详见下图 5-2。

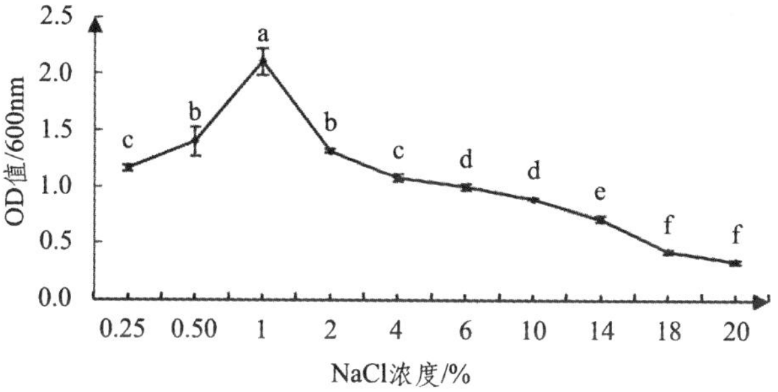


图 5-2　不同 NaCl 浓度对金葡菌生长的影响

注：图中相同字母，表示差异不显著；不同字母表示差异显著（$P<0.05$）；

3. pH 对分离菌株生长的影响

将配置好的 LB 液体培养基等量分装，以稀 Hcl 于 NaOH 将 pH 调至为 4.5、5.0、5.5、6.0、6.5、7.0、7.5、8.0，将以上不同 pH 的 LB 液体培养基分别分装至多个同规格的三角瓶中，121℃下高压灭菌 15 min，冷却后，取 500 μl 复壮的菌悬液加入以上不同 pH 的 LB 液体培养基中，然后将全部的培养基放置在 37℃恒温培养箱中静置培养 12 h，在波长为 600 nm 下测定其 OD 值，以无菌 LB 液体培养基作为实验的空白对照组。

在不同 pH 的条件下，从 4.5 ~ 6.0 之间，菌的生长量随着酸度的减弱而增加，而在 pH 为 6.0 时菌的浓度达到峰值，6.0 ~ 8.0 之间，菌的生长量随着 pH 的增加而受到遏制。在 pH 6.0 ~ 6.5 之间都呈现显著差异，详见下图 5-3。

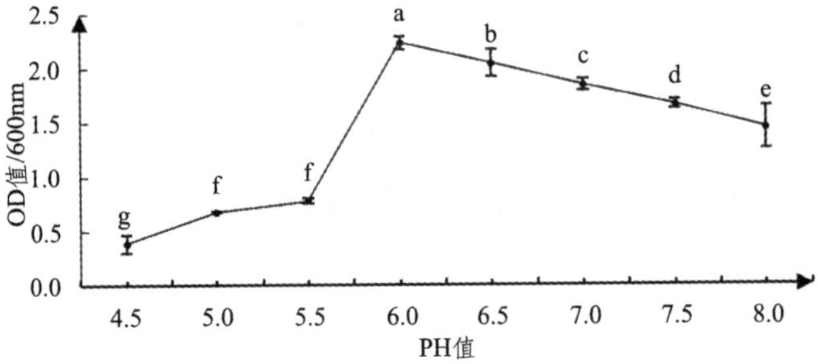


图 5-3　不同 pH 对金葡菌生长的影响

4. 温度对分离菌株生长的影响

根据最适 pH 和 NaCl 浓度的结果，确定金黄色葡萄球菌的最适生长 pH 和 NaCl 浓度作为参数，配制 LB 液体培养基，再将 LB 液体培养基分装至多个同规格的三角瓶中，经过 121℃下高压灭菌 15 min，冷却后，取 500 μl 复壮的菌悬液分别加入以上的 LB 液体培养基中，分别置于 5℃、10℃、15℃、20℃、25℃、30℃、37℃、42℃下静置培养 12 h 后，在波长为 600 nm 下测定其 OD 值，以无菌 LB 液体培养基作为实验的空白对照组。结果表明，在温度为 5℃ ~ 37℃时，金葡菌的生长量随着温度的增加而增加，在温度 37℃时菌的生长量达到峰值。30℃ ~ 37℃差异显著，37℃ ~ 42℃有显著差异（见图 5-4）。

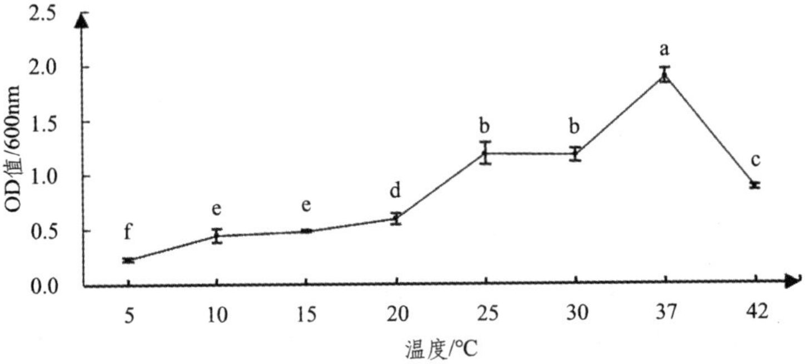


图 5-4　不同温度对金葡菌生长的影响

5. 金黄色葡萄球菌的胞外产物检测

将单个菌落挑取出来，放置于 LB 液体培养基中，在温度为 37℃，120 r/min 振荡培养箱中培养 48 h；然后将培养基中的菌液取出来，在 4℃、12 000 r/min 离心 30 min，收集上清液；后将上清液全部转移到透析袋中，用 PEG2000 浓缩 10 倍，所获得的浓缩液即为金葡菌的胞外产物；胞外产物被过滤除菌后，放入 4℃ 冰箱以备用。在配制好的蛋白酶活性检测培养基、卵磷脂酶活性检测培养基、淀粉酶活性检测培养基、明胶酶活性检测培养基、脂酶活性检测培养基、脲酶活性检测培养基琼脂上用打孔器打孔，用 0.5%的无菌琼脂补底，使其凝固后，加 150 uL 胞外产物于孔中，放入 37℃培养箱中正置培养 24 ~ 36 h。具体结果见图 5-5，表 5-5。

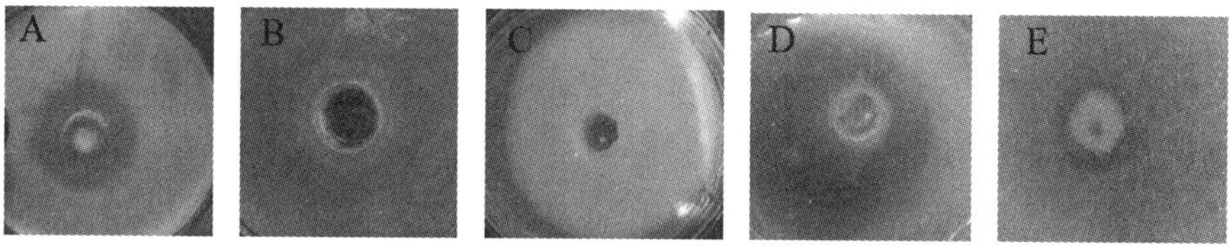


A—ECP 作用后的脱脂牛奶出现透明水解圈；B—ECP 作用后脲酶出现晕圈；
C—ECP 作用后蛋黄平板出现晕圈；D—ECP 作用后淀粉平板出现晕圈；
E—ECP 作用后 Tween—80 平板出现透明水解圈。

图 5-5 金黄色葡萄球菌的 ECP 酶活性检测

表 5-5 棘腹蛙金黄色葡萄球菌的 ECP 酶活性检测

| 胞外酶 | 水解环/晕圈 | |
|---|---|---|
| | 直径/mm | 反应程度 |
| 卵磷脂酶 | 38.9±12.4 | + |
| 淀粉酶 | 17.6±1.3 | + |
| 脂酶 | 19.5±0.4 | + |
| 脲酶 | 37.1±2.5 | + |
| 蛋白酶 | 32.2±9.5 | + |
| 明胶酶 | – | – |

注：“+”表示该酶活性强度，“–”表示未检测到该酶或无该酶活性

## 5.3 金黄杆菌感染对棘腹蛙的影响

研究表明，金黄杆菌（*Chryseobacteriumsp.*）是一类革兰氏阴性细菌，其普遍存在于植物、水、土壤等自然环境和医院环境，是一种条件致病菌，也是人感染性疾病的重要病原，可以引起心内膜炎、多处皮肤软组织感染、菌血症、脑膜炎等多种疾病，也能够导致畜禽和鱼类、蛙类、中华鳖、河蟹等多种水产养殖业动物感染上严重的疾病。而且目前国内对于金黄杆菌属细菌的研究，主要集中在脑膜脓毒金黄杆菌和产吲哚金黄杆菌导致人体感染的临床治疗等方面的研究。棘腹蛙在感染金黄杆菌后死亡率较高，在发病初期棘腹蛙的行动缓慢、逐渐停止进食，慢慢出现肝坏死和主要消化器官的出血、坏死的现象，最终导致了较高的死亡率。

### 5.3.1 金黄杆菌的分离与培养

金黄杆菌分离自患病的棘腹蛙。

LB 液体培养基：胰蛋白胨 10 g、酵母提取物 5 g、氯化钠 10 g、用蒸馏水定容到 1 L，在 121℃高温下灭菌 20 min 待用。

LB 琼脂培养基：在 LB 培养基的原有配方的基础上，加入质量分数为 1.5%的琼脂粉，调 pH 到 7.2，在 121℃下灭菌 20 min。

蛋白酶活性检测培养基：按照无菌操作的要求，向已经灭菌而且冷却至 40 ~ 50℃时的 200 ml LB 琼脂培养基中加入体积分数为 8%的脱脂鲜牛奶，随即制作成培养基。

卵磷脂酶活性检测培养基：按照无菌操作要求，向已经灭菌而且冷却至 40 ~ 50℃时的 200 ml LB 琼脂培养基中加入质量分数为 2.5%的蛋黄，随即制作成培养基。

淀粉酶活性检测培养基：按照无菌操作要求，向已经灭菌而且冷却至 40 ~ 50℃时的 200 ml LB 琼脂培养基中加入质量分数为 0.2%的淀粉，随即制作成培养基。

明胶酶活性检测培养基：按照无菌操作要求，向已经灭菌而且冷却至 40 ~ 50℃时的 200 ml LB 琼脂培养基中加入明胶，使其至终浓度达总体积的 2.0%，随即制作成培养基。

脂酶活性检测培养基：称取 2 g 胰蛋白胨 2 g 氯化钠 0.02 g 氯化钙 3 g 琼脂加入 200 ml 蒸馏水中，调 pH 至 7.2，121℃下灭菌 20 min，待培养基冷却至 40 ~ 50℃时，按照无菌操作要求，加入无菌 TWEEN-80 使其质量分数为 1%，随即制作成培养基。

脲酶活性检测培养基：称取 0.2 g 胰蛋白胨、1 g 氯化钠、0.2 g 葡糖糖、0.4 g 磷酸二氢钾、3 g 琼脂加入 200 ml 蒸馏水中，再加入 20 g/L 酚红 1.2 ml，调 pH 至 6.8，121℃下灭菌 20 min，待培养基冷却到 40 ~ 50℃时，按照无菌操作的要求，加入 4 g 尿素，随即制作成培养基。

### 5.3.2 金黄杆菌的最适 pH、NaCl 浓度和温度分析

1. 不同条件的处理方法

将配好的 LB 液体培养基分装试管，分为八个温度梯度，每个梯度分装四支试管，121℃下灭菌 20 min，冷却后即用。每个梯度中的三支试管加入 500 ul 金黄杆菌母液，另一支试管不加入菌液，将八个温度梯度分别置于 5℃、10℃、15℃、20℃、25℃、30℃、37℃、42℃培养箱中培养 24 h，依次取不同温度培养的含菌 LB 液体培养基 3 ml，在波长为 600 nm 下测定其 OD 值，以每个梯度中的无菌 LB 液体培养基作为本梯度的空白对照。

向配置好的 LB 液体培养基分装，添加 NaCl，使 NaCl 的最终浓度分别为 0%、0.2%、0.4%、0.6%、0.8%、1%、2%、4%、6%，将每个梯度的 LB 液体培养基分装四支试管，121℃下灭菌 20 min，冷却后即用。每个梯度中的三支试管加入 500 ul 金黄杆菌母液，另一支试管不加入菌液，以最适温度在培养箱中培养 24 h，依次取不同 NaCl 浓度培养的含菌 LB 液体培养基 3 ml，在波长为 600 nm 下测定其 OD 值，以每个梯度中的无菌 LB 液体培养基作为本梯度的空白对照。

以最适 NaCl 浓度和温度作为参数配置 LB 液体培养基，将 LB 液体培养基分装，用稀 HCl 和 NaOH 调 pH 分别为 4.5、5、5.5、6、6.5、7、7.5、8、8.5、9，每个梯度分装四支试管，121℃下灭菌 20 min，冷却后即用。每个梯度中的三支试管加入 500 ul 金黄杆菌母液，另一支试管不

加入菌液，以最适温度在培养箱中培养 24 h，依次取不同 pH 培养的含菌 LB 液体培养基 3 ml，在波长为 600 nm 下测定其 OD 值，以每个梯度中的无菌 LB 液体培养基作为本梯度的空白对照。

2. 检测结果分析

当培养基中的 pH 为 4.5 ~ 6.5 时，金黄杆菌的生长随 pH 的增加而增强，成正比；当培养基中的 pH 为 6.5 ~ 9 时，金黄杆菌的生长随 pH 的增大而受到严重抑制；当 pH 为 4.5 时，金黄杆菌几乎不生长，因此金黄杆菌生长范围的 pH 为 5 ~ 9，其中 pH 为 6 ~ 7 时有利于金黄杆菌的生长繁殖，最适合金黄杆菌生长的 pH 为 6.5（如图 5-6）。

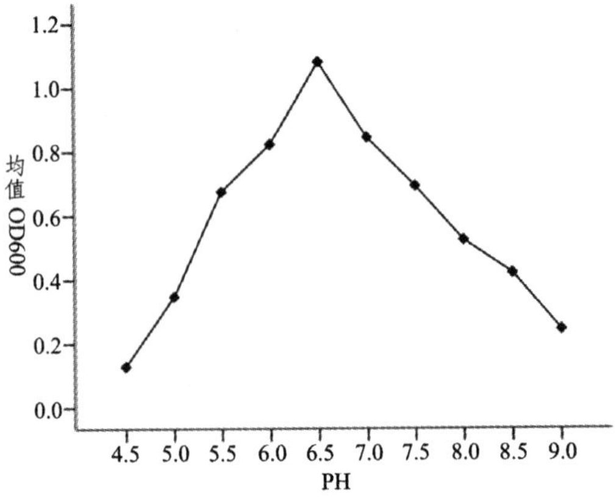


图 5-6　pH 对金黄杆菌生长的影响

当培养基中的 NaCl 浓度为 0 ~ 0.8 mg/mL 时，金黄杆菌的数量随浓度的升高而增多，当 NaCl 浓度为 0.8 mg/mL 时，金黄杆菌的数量则达到峰值；当 NaCl 浓度为 2 ~ 6 mg/mL 时，随浓度的升高，金黄杆菌的数量逐渐减少，但是菌体量的差异不显著。由此得出金黄杆菌可以耐受的 NaCl 生长浓度范围为 0 ~ 6 mg/mL，其中 0.8 mg/mL 的 NaCl 浓度是金黄杆菌最佳生长条件（如图 5-7）。

当温度为 5 ~ 30℃时，金黄杆菌的生长能力随温度的升高而增强，当温度为 30℃时，金黄杆菌的数量最多；当温度为 30 ~ 42℃时，金黄杆菌的生长能力逐渐受到抑制。当温度低于 5℃时，金黄杆菌几乎不生长。因此金黄杆菌的生长温度范围为 5 ~ 42℃，其中有利于金黄杆菌生长的温度为 30 ~ 37℃，30℃为金黄杆菌生长的最适温度（如图 5-8）。

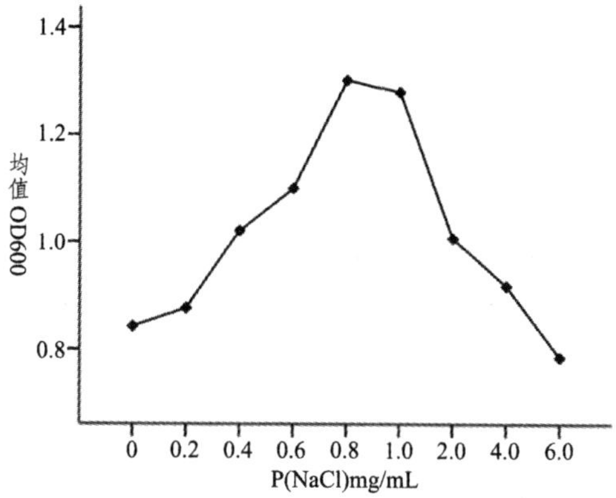


图 5-7　NaCl 对金黄杆菌生长的影响

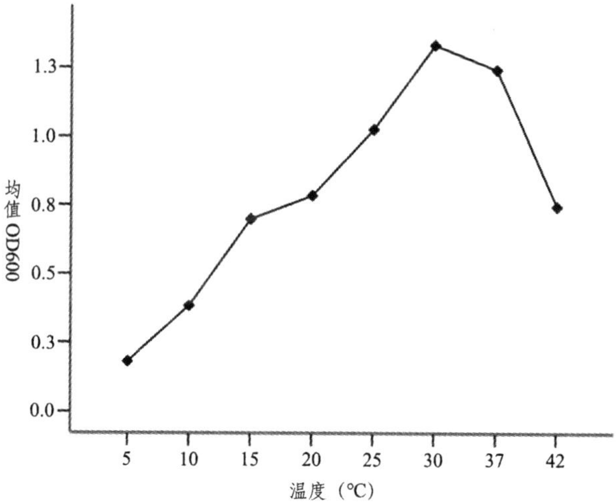


图 5-8　温度对金黄杆菌生长的影响

### 5.3.3　金黄杆菌胞外产物酶活性的检测分析

把金黄杆菌的胞外产物加入胞外酶活性检测平板的加样孔内，然后将平板正置在 30℃的培养箱中培养 24 ~ 48 h，在放置过程中平稳缓慢，防止胞外产物流出加样孔。在蛋白酶的活性检测平板中，加样孔的周围出现明显的透明蛋白水解圈（如图 5-9A），表明金黄杆菌的胞外酶中具有能分解牛奶蛋白的酶；在明胶酶的活性检测平板中，加入酸性氯化汞溶液后，加样孔的周围也出现明显的带浅乳白色的水解圈（如图 5-9B），表明金黄杆菌胞外酶中具有能分解明胶的酶；在淀粉酶的活性检测平板中，加入卢氏碘液后，加样孔的周围出现明显的棕色水解圈，其余部分呈蓝色（如图 5-9C），表明金黄杆菌的胞外酶中具有能分解淀粉的酶；在酯酶的活性检测平板中，加样孔的周围出现了小的晕圈（如图 5-9D），表明金黄杆菌的胞外酶中具有脂肪酶，但活性较弱；在卵磷脂酶的活性检测平板中，加样孔的周围出现明显的乳白色的水解圈（如图 5-9E），表明金黄杆菌的胞外酶中具有能分解卵磷脂的酶；而在脲酶的活性检测平板中，加样孔的周围没有出现红色的水解圈。因此，可以判断出金黄杆菌的胞外酶中具有蛋白酶、明胶酶、淀粉酶、酯酶和卵磷脂酶活性，不具有脲酶的活性，其中蛋白酶、明胶酶、淀粉酶和卵磷脂酶的活性较强，酯酶的活性较弱（如表 5-6）。

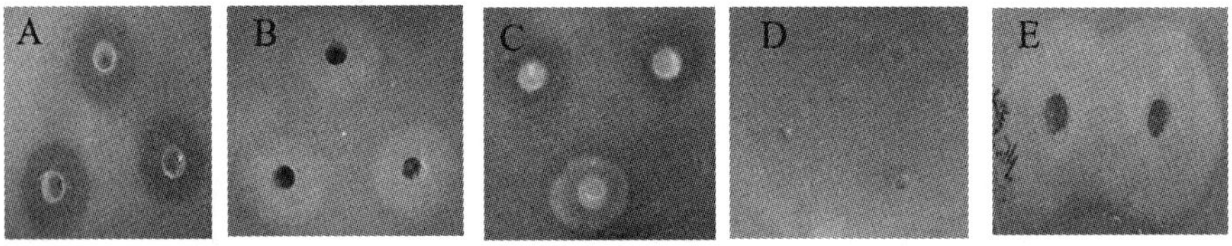


A—ECP 作用脱脂牛奶平板出现水解圈；B—ECP 作用明胶平板出现水解圈；
C—ECP 作用淀粉平板出现水解圈；D—ECP 作用 tween-80 出现水解圈；
E—ECP 作用蛋黄平板出现水解圈。

图 5-9　胞外产物酶活性检测

表 5-6　棘腹蛙金黄杆菌的 ECP 的酶活性检测

| 胞外酶 | 水解圈/晕圈 | |
|---|---|---|
| | 直径/mm | 反应程度 |
| 蛋白酶 | 19±1 | +++ |
| 明胶酶 | 26±1 | +++ |
| 淀粉酶 | 20±0.5 | ++ |
| 酯酶 | 18±0.4 | + |
| 卵磷脂酶 | 26±1.2 | ++++ |
| 脲酶 | – | – |

注：“+”表示该酶活性强度，“-”表示未检测到该酶或无该酶活性。

由此可知，金黄杆菌在温度为 30 ~ 37℃、pH 为 6 ~ 7、NaCl 浓度为 0.8 mg/mL 时生长繁殖能力最强，因此可以根据金黄杆菌的生长繁殖受水体的温度、PH 等因素的影响来控制金黄杆菌的生长繁殖。胞外产物是病原菌在生长和繁殖的过程中不断向外界环境中释放出来的代谢产物，在病原菌感染宿主使其致病上发挥着重要的作用，其中某些物质如外毒素、胞外酶、溶血素等都通过直接破坏宿主鱼体的体质，最后导致宿主鱼发病甚至死亡。所以，导致病原菌毒力强弱最重要的原因之一就是胞外产物。胞外酶则是在细胞内合成而在细胞外起到作用的酶，包括位于细胞外表面或细胞外质空间的酶，也是指释放入培养基的酶。那么作为胞外产物活性成分之一，胞外酶是在细菌侵染宿主鱼体的过程中发挥着重要作用的一类酶，其中蛋白酶能催化蛋白质和多肽的水解，同时激活外毒素、灭活血清中的补体等作用，是水产动物中重要的致病因子之一；而明胶酶属于金属蛋白酶家族成员，是能够降解Ⅳ型胶原的特异的一种基质水解酶；淀粉酶是水解淀粉和糖原的酶类总称，可分解宿主鱼体内的淀粉和糖原；卵磷脂酶因能水解卵磷脂，从而可以水解各种组织细胞，尤其是红细胞；脂酶分解脂质，明胶酶、蛋白酶和脂酶的联合作用又可以破坏生物膜的结构。本实验对金黄杆菌胞外酶活性的检测，均检测到蛋白酶、明胶酶、淀粉酶、卵磷脂酶、酯酶的活性，这些酶的共同作用导致机体组织结构大面积的损伤，出现宿主细胞变形或坏死的现象，致使各组织、器官的功能降低甚至丧失，致使宿主鱼体的死亡。因此，对金黄杆菌胞外产物酶活性的研究对棘腹蛙患病治疗起到了重要的作用。

## 5.4　棘腹蛙腐败希瓦氏菌的分离及鉴定分析

近年来国内外有大量关于水生动物腐败希瓦氏菌的报道。林克冰等从福建患病大黄鱼内脏组织分离出病原菌后，经纯化培养、人工感染、药敏试验及菌种鉴定等研究，确定了腐败希瓦氏菌（腐败假单胞菌）感染，药敏实验的结果表明诺氟沙星、环丙沙星、氯霉素、庆大霉素和复方新诺明等对致病菌有较强的抑制作用。Koziñska 等报道了鲤鱼和虹鳟上分离的不需盐分即可生长的两株腐败希瓦氏菌（菌株命名为 Pt38 和 K116），这两株致病菌在临床上死亡率达到了 33% ~ 50%。Korun 等在嗜睡、食欲减退、眼球突出、背部溃疡的欧洲海鲈上分离并鉴定了致病性的腐败希瓦氏菌，该菌可引起内出血，肝脏、脾脏肿大。通过组织病理学观察可发现该菌对脾脏和肾脏侵害尤其严重，也会引起肠黏膜的脱落。另外，在江苏某养殖场的异育银鲫暴发了腐败希瓦氏菌感染，该腐败希瓦氏菌株对吡哌酸、萘啶酸、诺氟沙星、依诺沙星、氟苯尼考、利福平、盐酸米诺环素胶囊、氟罗沙星、恩诺沙星、注射用头孢他啶、头孢曲松钠、先锋Ⅳ、罗红霉素和左氟沙星等抗生素敏感。在 2007 年到 2012 年之间，高发于欧洲鲤鱼和虹鳟的一种疾病，该病表现为鳃坏死，皮肤损伤或溃疡；剖检可见内出血，水肿，肾和脾脏肿大一般注意异常。通过分离鉴定，确定了该病的病原是腐败希瓦氏菌。有研究发现，冷藏的大菱鲆和大黄鱼上存在有作为优势腐败菌的腐败希瓦氏菌。国内在养殖的河蟹、螺中也发现了该菌感染所致的疾病。由此可见，腐败希瓦氏菌给水产养殖行业带来了巨大的危害，吕青，郭修娟等在对腐败希瓦氏菌导致水产品腐败的原因出具体分析，其作为条件性致病菌的发病诱因、致病机制、感染进程等是下一步研究的重点；而特异性疫苗的研制和应用更是亟须解决的问题。

### 5.4.1 病原菌的分离培养

取数只食欲废绝，行动迟缓的棘腹蛙作为被检病料。将解剖盘用乙醇、生理盐水擦拭一遍，提前打开超净工作台的紫外灯灭菌 30 min，灼烧接种环。病蛙体重 100 ~ 120 g，体长 45 ~ 55 cm。对病蛙先用消毒酒精表面消毒后，剖检后发现病蛙的舌部、食管、胃和肠道有大量散在出血点，肠道末端有少量黏稠液体。

灭菌蒸馏水冲洗病蛙体表后，在超净操作台中接种病蛙舌部、食管、腹水和部分内脏器官等于 LB 固体和液体培养基，每次取个部位都要灼烧接种环。28℃恒温培养箱中培养 18 ~ 24 h，同时做厌氧培养，观察细菌生长情况。定时观察其生长情况，对分离到的细菌进行纯化培养，并用

5%兔血平板鉴定溶血性；挑取单个菌落革兰氏染色镜检，纯化后的候选菌株置-20℃保存。在剖检的患病棘腹蛙舌头、食管、胃和肠道分离到一株优势菌，命名为 CQWU201405。该候选菌株在 LB 固体培养基上呈乳白色或者黄色，圆形，表面湿润、光滑，边缘整齐，略微凸起的菌落。在兔全血平板上出现半透明轻微溶血环。革兰氏染色后在光学显微镜下可观察到弯曲似蝌蚪的短杆状革兰氏阴性菌（见图 5-10）。

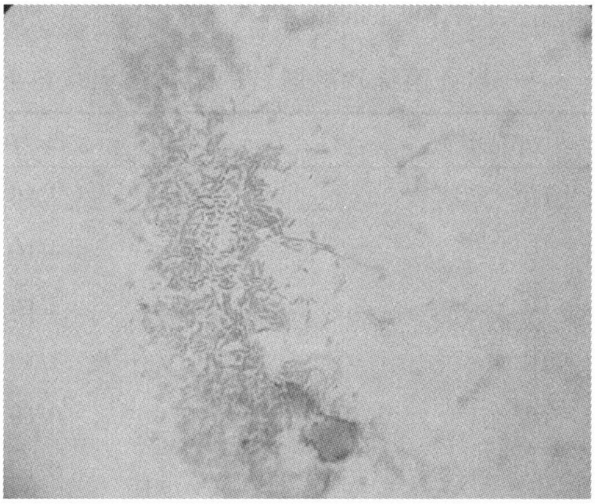

图 5-10　病原菌镜检图

## 5.4.2　分离菌株感染分析

在超净工作台内，将分离的细菌在 LB 液体培养基中培养 24 h，稀释十个梯度，在固体 LB 培养基上培养 12 ~ 24 h 后数能看到单个菌落的平板。选取菌落个数在 100 到 300 下的菌落数记录。得到当希瓦氏菌在稀释度为 $10^{-7}$ 下的菌落为 52 个。用平板菌落计数法调整菌悬液浓度至 $5.2\times10^{8}$、$5.2\times10^{7}$、$5.2\times10^{6}$、$5.2\times10^{5}$、$5.2\times10^{4}$、$5.2\times10^{3}$、$5.2\times10^{2}$ CFU/mL。供试棘腹蛙分为 8 组，每组 10 只，暂养一周无任何病变后方可用于实验；接种组以 0.2 mL/只的剂量以腹腔接种的方式接种上述 7 种浓度的菌悬液；对照组接种 0.2 mL/只的无菌生理盐水。试验期间外界条件与暂养时相同，随时观察棘腹蛙的症状；出现棘腹蛙死亡即时捞出并剖检，以不再发生死亡时为结束时间。从死亡棘腹蛙舌部和内脏再次分离细菌并进行鉴定。并根据 Reed（1938）的方法求出该候选菌株感染棘腹蛙的半数

致死量 $LD_{50}$。

候选菌株接种棘腹蛙 3 d 后动作缓慢，减少或停止进食，7 d 后精神萎靡陆续有病蛙死亡。死亡棘腹蛙剖检可见，口腔和食管有出血症状，胃和肠道严重出血，与自然感染结果一致；从发病棘腹蛙舌部、食管、胃和肠道仍能分离出与候选菌株生理生化特性一致的优势菌。候选菌株的 $LD_{50}$ 值为 $6.6\times10^7$ CFU/只。对照组棘腹蛙两周内无任何异常。候选菌株对棘腹蛙的致病性实验结果见表 5-7。

表 5-7　候选菌株对棘腹蛙的致病性实验结果

| 接种浓度/（cfu/只） | 死亡数/接种数 |
|---|---|
| $5.2\times10^8$ | 7/10 |
| $5.2\times10^7$ | 4/10 |
| $5.2\times10^6$ | 2/10 |
| $5.2\times10^5$ | 1/10 |
| $5.2\times10^4$ | 0/10 |
| $5.2\times10^3$ | 0/10 |
| $5.2\times10^2$ | 0/10 |
| 对照 | 0/10 |
| $LD_{50}$ | $6.6\times10^7$ |

### 5.4.3　分离菌株的生理生化特性分析

取纯化后的候选菌，接种于细菌微量生化反应管，在超净工作台内将生化实验管敲开，用无菌牙签粘取菌落，插入生化管的培养基内，倒插在泡沫上，做好各项标记后放入 28℃培养箱，培养 24 h 后观察结果。按照常规进行葡萄糖、乳糖、麦芽糖、甘露糖、肌醇、硫化氢等项目的生理生化特性测定。结果表明，该候选菌株能液化明胶，不发酵葡萄糖、乳糖、纤维二糖、麦芽糖、果糖、阿拉伯糖、山梨醇、蔗糖、鼠李糖、肌醇、棉籽糖、水杨素、七叶苷、木糖、甘露糖等糖醇类呈阴性；与精氨酸双水解酶、赖氨酸脱羧酶、DNA 酶、硫化氢等反应呈阳性，符合腐败希瓦氏菌的主要生理生化指标；生理生化特性鉴定结果见表 5-8。

表 5-8　候选菌株的生理生化特性鉴定结果

| 测试项目 | 结果 | 测试项目 | 结果 |
|---|---|---|---|
| 乳糖 | - | 精氨酸双水解酶 | + |
| 纤维二糖 | - | DNA 酶 | + |
| 麦芽糖 | - | β-半乳糖苷（ONPC） | - |
| 阿拉伯糖 | - | 七叶苷 | - |
| 棉籽糖 | - | 西蒙氏枸橼盐酸 | - |
| 木糖 | - | 丙二酸盐 | - |
| 葡萄糖 | - | 肌醇 | - |
| 鼠李糖 | - | L-甘露醇 | - |
| 甘露糖 | - | 山梨醇 | - |
| 赖氨酸脱羧酶 | + | 水杨素 | - |
| 氰化钾生长 | - | 无盐胨水培养基 | + |
| 硫化氢 | + | 6%NaCl 胨水培养基 | + |
| 磷酸盐葡萄糖胨水 | - | 明胶 | + |
| 蛋白胨水 | - | 盐酸二甲苯对苯二胺 | - |

注："+"为阳性，"-"为阴性。

### 5.4.4　分离菌株的 16SrDNA 鉴定分析

将候选菌株使用 16SrDNA 通用引物扩增的 PCR 产物经 1%琼脂糖凝胶电泳鉴定后，阳性产物进行序列测定，得到长度为 1422 bp 的 rDNA 序列。将该序列提交 GenBank 进行 blast 比对分析，发现其与腐败希瓦氏菌相似性最低在 98.8%以上，与异育银鲫上分离的菌株 SYY-1 相似性高达 99.9%。选取部分已知希瓦氏菌属细菌序列，利用 Mega5.0 软件构建系统进化树，结果见图 5-11。

### 5.4.5　分离菌株的药敏试验分析

在所测试的 18 种抗菌药物中，该候选菌株对磷霉素有明显耐药，对头孢唑林中度敏感。具体结果见表 5-9。

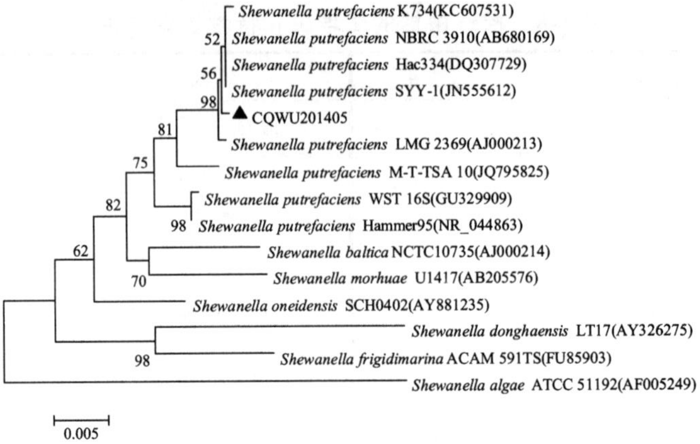


图 5-11 候选菌株 CQWU201405 的 16SrDNA 系统进化树
（序列名中前为菌株名，括号内为 NCBI 登录的序列号）

表 5-9 候选菌株的药敏实验结果

| 供试药物 | 纸片含量/（ug/片） | 抑菌圈直径/mm | 敏感性 |
|---|---|---|---|
| 亚胺培南 | 10 | 29 | S |
| 美罗培南 | 10 | 30 | S |
| 氨曲南 | 35 | 40 | S |
| 阿米卡星 | 30 | 18 | S |
| 四环素 | 30 | 22 | S |
| 庆大霉素 | 10 | 23 | S |
| 复方新诺明 | 23.75 | 23 | S |
| 氯霉素 | 30 | 30 | S |
| 环丙沙星 | 5 | 31 | S |
| 氨苄西林-舒巴坦 | 10 | 36 | S |
| 阿莫西林-棒酸 | 20 | 28 | S |
| 头孢唑啉 | 30 | 20 | I |
| 头孢噻亏 | 30 | 38 | S |
| 头孢呋辛 | 30 | 30 | S |
| 头孢吡亏 | 30 | 29 | S |
| 妥布霉素 | 10 | 26 | S |
| 磷霉素 | 200 | 12 | R |
| 氨苄西林 | 10 | 28 | S |

注：S—敏感；I—中介；R—耐药。

## 5.5 棘腹蛙弗氏柠檬酸杆菌感染分析

弗氏柠檬酸杆菌(*Citrobacterfreundii*)隶属于肠杆菌科(Enterobacteriaceae)枸橼酸杆菌属(*Citrobacter*)。鱼、鳖、虾、人、哺乳动物等生物被该细菌感染时，可引发其体表或体内发生病害。弗氏柠檬酸杆菌致病原理是该菌体表具有鞭毛和菌毛，所释放的黏附因子有助于细菌吸附于细胞表面，经过定居、繁殖释放大量内毒素引起动物发病。迄今有关科研人员报道了棘腹蛙细菌性疾病如“白内障”“消化系统出血症”和水肿病等，弗氏柠檬酸杆菌感染棘腹蛙将导致腹部肿大，气囊变大。因此，研究棘腹蛙弗氏柠檬酸杆菌的生理特性对于防治棘腹蛙的病害、降低棘腹蛙养殖损失有重要意义。

### 5.5.1 弗氏柠檬酸杆菌的最适温度分析

取 500 uL 活化的菌液加入已分装好的 20 mL LB 液体培养培养基的锥形瓶中；将培养箱的温度分别设置 5℃、10℃、15℃、20℃、25℃、28℃、30℃、37℃、42℃然后将锥形瓶搁放 12 h，每组温度做三个平行实验；12 h 后，在波长为 600 nm 下测定其 OD 值，以无菌 LB 培养基作为空白对照，记录每个温度下培养的菌液的 OD 值。结果表明，弗氏柠檬酸杆菌在 5℃环境下时仍可以生长，但数量很少；随着温度的增加，弗氏柠檬酸杆菌的数量也在平缓的增加；在 25 ~ 30℃时，生长状态最佳，但生长数量变化较为缓慢，在 25℃环境下生长状态最好；在 37℃时，数目已经明显下降，弗氏柠檬酸杆菌的生长遭到抑制其数目呈下降趋势(见图 5-12)。

### 5.5.2 弗氏柠檬酸杆菌的最适 pH 分析

取 500 uL 活化的菌液分别加入灭好菌且 pH 为 4.5、5、5.5、6、6.5、7、7.5、8、8.5、9 的液体 LB 培养基中，将锥形瓶放入 25℃的恒温培养箱中隔夜培养 12 h，每组 pH 做三个平行实验；12 h 后，在波长为 600 nm 下依次取不同 pH 且无菌 LB 培养基作为空白对照，测量并记录每个 pH 下培养的菌液的 OD 值。

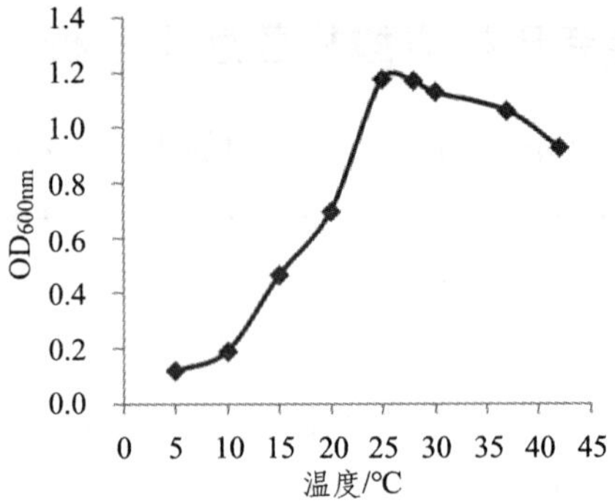


图 5-12　温度对弗氏柠檬酸杆菌生长的影响

结果表明，在一定 pH 范围内微生物能大量生长，在较宽 pH 范围内酵母菌和霉菌能生长，而细菌对 pH 的条件较严格。革兰氏阳性细菌能在 pH 4 ~ 8.5 生长，革兰氏阴性细菌能在 pH 为 4.5 ~ 9.0 生长，极端 pH 会改变细胞膜通透性，破坏营养物质，产生有毒物质，造成细胞死亡。从（图 5-13）中可以看出，当培养基中 pH 为 4.5 时，弗氏柠檬酸杆菌数量极少，几乎不生长。当培养基中 pH 为 5 ~ 8 时，弗氏柠檬酸杆菌的数量随着 pH 的增加而增加，呈现一个上升趋势，但是生长速度缓慢；在 pH 为 8 左右时，菌液中菌的浓度达到最大值。当培养基中 pH 为 8.5 之后，弗氏柠檬酸杆菌的数量随着 pH 的增加而减少。

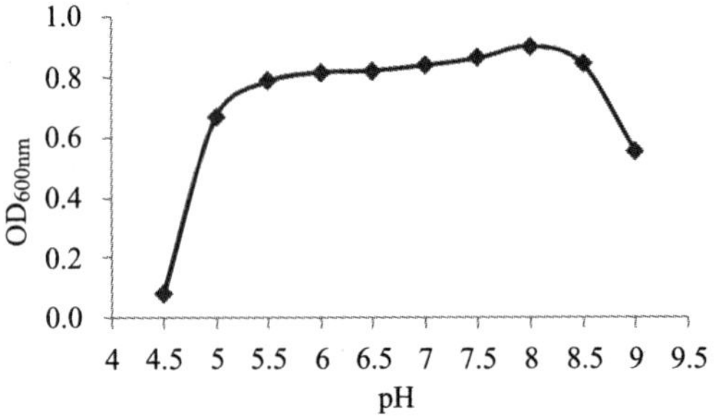


图 5-13　PH 对弗氏柠檬酸杆菌生长的影响

### 5.5.3　弗氏柠檬酸杆菌的最适 NaCl 浓度分析

取 500 uL 活化的菌液分别加入已灭菌且盐浓度分别为 0.00%、0.20%、0.40%、0.60%、0.80%、1.00%、2.00%、4.00%、6.00%的液体 LB 培养

基中，放置于 25℃的恒温培养箱中培养 12 h，每组盐浓度做三个平行实验 12 h 后，在波长为 600 nm 下依次取不同盐浓度的无菌 LB 培养基作为空白对照，测量并记录每个盐浓度下培养的菌液的 OD 值。

盐浓度与微生物的繁殖密切相关，$Na^+$能维持人体细胞膜内外渗透压的平衡，但 $Na^+$对细菌有毒，主要体现在 $Na^+$含量过高时，细胞的渗透压升高，细胞质失水造成质壁分离，进而膨压下降，细胞生长变得缓慢甚至停止生长，大分子的生物合成受到抑制，进而生长受到抑制甚至死亡。从图 5-14 中可以看出，当培养基中 NaCl 浓度从 0 上升至 0.6%时，随着浓度的增加，弗氏柠檬酸钠杆菌的数量也在增加，呈上升趋势，但其生长速度比较缓慢。当培养基中 NaCl 浓度为 0.8% ~ 1%时，菌的数量急剧上升，但当氯化钠浓度在 0.8% ~ 1%左右时弗氏柠檬酸杆菌的生长最旺盛；当培养基的盐浓度在 1%之后，弗氏柠檬酸杆菌的数量随着中 NaCl 浓度增加在逐渐减少，生长受到严重的抑制。直到培养基中 NaCl 浓度为 6%之后，弗氏柠檬酸杆菌表现为生长缓慢，可以考虑为几乎不生长。

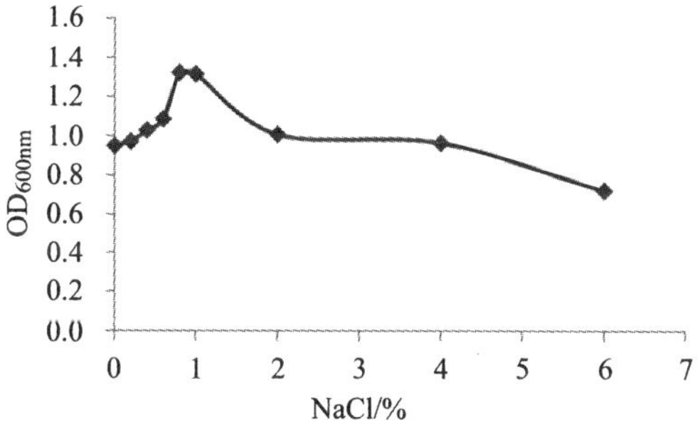


图 5-14 NaCl 浓度对弗氏柠檬酸杆菌生长的影响

### 5.5.4 弗氏柠檬酸杆菌胞外产物酶活性鉴定分析

利用琼脂平板法检测弗氏柠檬酸胞外产物酶活性，弗氏柠檬酸杆菌在质量分数为 0.2%淀粉、质量分数为 2.5%的蛋黄和质量分数为 20%尿素的 LB 培养基平板上培养 24 ~ 28 h 后，发现在培养孔的周围出现分别了大约为 2 cm 透明晕圈（图 5-15A）、3.3 cm 乳白色小晕圈（图 5-15B）和 2.4 cm 红色晕圈（图 5-15C）；而在质量分数为 1.0%Tween-80 的 LB 培养基的孔周围没有不透明圈出现，体积分数为2%明胶的LB培养基的孔周围无透明圈出现；体积分数为8%的脱脂牛奶的培养基孔无透明蛋白水解圈。由此可知，弗氏柠檬酸杆菌胞外产物中具有淀粉酶活、卵磷脂脂、脲酶活性，不具有脂酶、蛋白酶和明胶酶活性。

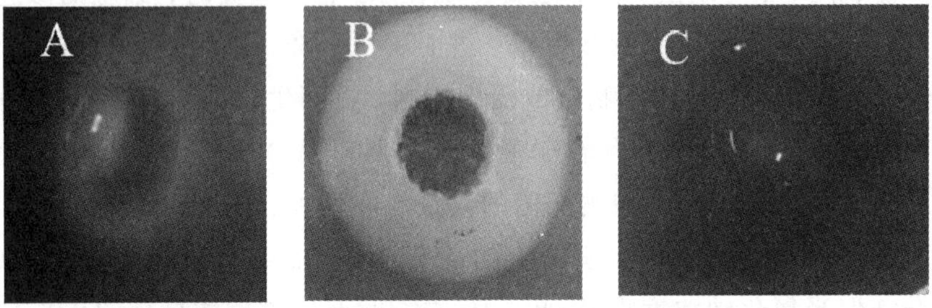


图5-15　弗氏柠檬酸在淀粉酶、卵磷脂酶和脲酶活性检测平板出现的水解圈

由此可知，从棘腹蛙体内分离的弗氏柠檬酸杆菌的最适生长温度为25℃，最适的氯化钠浓度为0.8%～1%，最适的生长的pH为8。此结果与万彪等在实验时所取得的最适温度不吻合，原因可能是所配置的培养基不同，也有可能是菌体本身的问题。细菌在生长代谢过程中一种物质会被分泌到细胞壁膜外，该物质是胞外产物。胞外产物分泌的溶血素、内外毒素和胞外产物酶等可直接破坏宿主鱼体的体质，引起宿主鱼发病甚至死亡。因此，胞外产物是决定病原菌毒力的重要因素之一。其中，细菌细胞壁的脂多糖的主要毒力成分为内毒素。当细菌菌体裂解或者繁殖活跃时，内毒素被释放出来，进而引起宿主非特异性的病理和生理应答，常导致人、畜患内毒素血症和感染性休克，严重危害人畜的健康。另外，胞外酶能在细菌侵染鱼体的过程中发挥重要作用，其中脂酶可分解脂类物质，而卵磷脂酶可分解细胞膜的卵磷脂。因此，当鱼体被致病菌感染时，入侵菌把鱼体当作天然且富含丰富营养物质的培养基，从而将胞外酶释放出来，导致宿主鱼的出现体表出血、烂鳃、溃疡或者其他肌肉的损伤等现象。尤其是对于通过侵染动物伤口的弗氏柠檬酸杆菌而言，胞外产物酶活性的检测对该菌胞外酶纯化及其对鱼体侵染机制的后续研究将有着至关重要的作用。本研究中发现，从棘腹蛙体内分离的弗

氏柠檬酸杆菌的胞外产物酶中发现了淀粉酶、卵磷脂酶和脲酶。因此，可根据弗氏柠檬酸杆菌的胞外产物酶的水解圈的大小推测得出，棘腹蛙弗氏柠檬酸杆菌胞外产物酶中卵磷脂酶的活性最强、脲酶次之，淀粉酶最弱。

## 5.6 棘腹蛙“白内障”的病原分离鉴定

目前主要报道的蛙类疾病集中在牛蛙，其他蛙类则研究较少。感染蛙类的病原菌主要有温和气单胞菌、嗜水气单胞菌、链球菌等。对致病菌的研究主要停留在病原的分离鉴定阶段，很少对其流行情况、病原特性、耐药情况和综合防治方面进行研究。而关于蛙类易患的“白内障”，陈晓凤等对福建省厦门市养殖牛蛙“白内障”病的病原菌进行了分离、培养、人工感染、菌种鉴定、药敏试验、疫苗免疫等研究，确认引起牛蛙“白内障”病的病原菌为醋酸钙不动杆菌（*Acinetohacteroalcoaceticus*），该病的治疗宜采用硫酸链霉素、丁胺卡那霉素、庆大霉素、氯霉素等药物。纪荣兴从患白内障的牛蛙体内分离到一株短杆状，极生单鞭毛，革兰氏阴性，无芽孢，无荚膜的细菌，初步鉴定为气单胞菌（*Aeromonassp*）。药敏试验结果表明，该菌对链霉素等敏感，对氨苄青霉素、青霉素 G、先锋霉素 V 等不敏感。海南养殖虎纹蛙白内障病的病原分析发现，对该典型患病个体进行病原分离并鉴定表明，被分离出的病原为脑膜炎败血黄杆菌，该菌只对万古霉素敏感，对头孢哌酮中度敏感，而对其他 18 种药物均不敏感。

### 5.6.1 病料采集与棘腹蛙致病性实验分析

取养殖场中具“白内障”典型症状的棘腹蛙作为被检病料。患病棘腹蛙体重 100 ~ 120 g，体长 40 ~ 50 cm，剖检后可见眼球外附着一层白色薄膜，眼睛巩膜部有少量出血点，舌头表层和口腔内部有散在出血点，食管、胃和肠道出血。无菌蒸馏水冲洗病蛙体表后，在超净操作台中接种病蛙眼部病灶、口腔、腹水和部分内脏器官于 LB 固体和液体培养基，

28℃培养 24 h；同时做厌氧培养，观察细菌生长情况。对分离到的细菌进行纯化培养，并用 5%兔血平板鉴定溶血性；挑取单个菌落革兰氏染色镜检，纯化后的候选菌株置-20℃保存。

用平板菌落计数法调整菌悬液浓度至 $5.0\times10^8$、$5.0\times10^7$、$5.0\times10^6$、$5.0\times10^5$、$5.0\times10^4$、$5.0\times10^3$、$5.0\times10^2$ CFU/mL。供试棘腹蛙分为 8 组，每组 10 只，暂养一周无任何病变后方可用于实验；接种组以 0.2 mL/只的剂量分别以点眼和腹腔接种的方式接种上述 7 种浓度的菌悬液；对照组接种 0.2 mL/只的无菌生理盐水。试验期间外界条件与暂养时相同，随时观察棘腹蛙症状。出现棘腹蛙死亡即时捞出并剖检，以不再发生死亡时为结束时间。从死亡棘腹蛙眼部和内脏再次分离细菌并进行鉴定。计算出该候选菌株感染棘腹蛙的半数致死量（$LD_{50}$）。

用平板菌落计数法调整菌悬液浓度至上述不同浓度，将供试棘腹蛙分为 8 组，每组 10 只，暂养一周无任何病变后方可用于实验；接种组以 0.2 mL/只的剂量分别以点眼和腹腔接种的方式接种上述 7 种浓度的菌悬液；对照组接种 0.2 mL/只的无菌生理盐水。试验期间外界条件与暂养时相同，随时观察棘腹蛙症状。出现棘腹蛙死亡即时捞出并剖检，以不再发生死亡时为结束时间。从死亡棘腹蛙眼部和内脏再次分离细菌并进行鉴定。计算出该候选菌株感染棘腹蛙的半数致死量（$LD_{50}$）（见表 5-10）。

表 5-10　候选菌株对棘腹蛙的致病性试验结果

| 接种浓度/（CFU/只） | 死亡数/接种数 |
| --- | --- |
| $5.0\times10^8$ | 8/10 |
| $5.0\times10^7$ | 5/10 |
| $5.0\times10^6$ | 4/10 |
| $5.0\times10^5$ | 1/10 |
| $5.0\times10^4$ | 0/10 |
| $5.0\times10^3$ | 0/10 |
| $5.0\times10^2$ | 0/10 |
| 对照 | 0/10 |
| $LD_{50}$ | $2.5\times10^7$ |

### 5.6.2 分离菌株生理生化特性分析

经试验发现，该菌株为兼性厌氧菌，与葡萄糖、纤维二糖、β-半乳糖苷酶、柠檬酸盐、乳糖等反映呈阳性，与精氨酸双水解酶、DNA 酶、七叶苷、丙二酸盐等反映呈阴性，符合金黄色葡萄球菌的主要生理生化指标（详见表 5-11）。

表 5-11　分离菌株的生理生化特性鉴定结果

| 测试项目 | 结果 | 测试项目 | 结果 |
|---|---|---|---|
| 乳糖 | + | 精氨酸双水解酶 | – |
| 纤维二糖 | – | DNA 酶 | – |
| 麦芽糖 | + | β半乳糖苷 | + |
| 阿拉伯糖 | + | 七叶苷 | – |
| 棉子糖 | – | 西蒙氏枸橼盐酸 | + |
| 木糖 | + | 丙二酸盐 | – |
| 葡萄糖 | + | 肌醇 | – |
| 鼠李糖 | – | L-甘露醇 | + |
| 赖氨酸脱羧酶 | + | 山梨醇 | + |
| 氰化钾生长 | + | 水杨素 | + |
| 硫化氢 | – | 无盐胨水培养基 | + |
| 磷酸盐葡萄糖胨水 | – | 6% NaCl 冻水培养基 | + |
| 蛋白胨水 | – | 明胶 | + |
| 甘露醇 | + | 盐酸二甲苯对苯二胺 | – |

### 5.6.3 分离菌株 16SrDNA 鉴定分析

将候选菌株使用 16SrDNA 通用引物扩增的 PCR 产物经 1%琼脂糖凝胶电泳鉴定后，阳性产物送检进行序列测定，得到长度为 1442 bp 的 rDNA 序列。将该序列提交 GenBank 进行 Blast 比对分析，发现其与金黄色葡萄球菌同源性高达 99.2%以上。选取部分已知金黄色葡萄球菌序列构建系统进化树，结果见图 5-16。

### 5.6.4 分离菌株的药敏试验分析

在所测试的抗菌药物中，该候选菌株仅对四环素有明显耐药。具体结果见表 5-12。

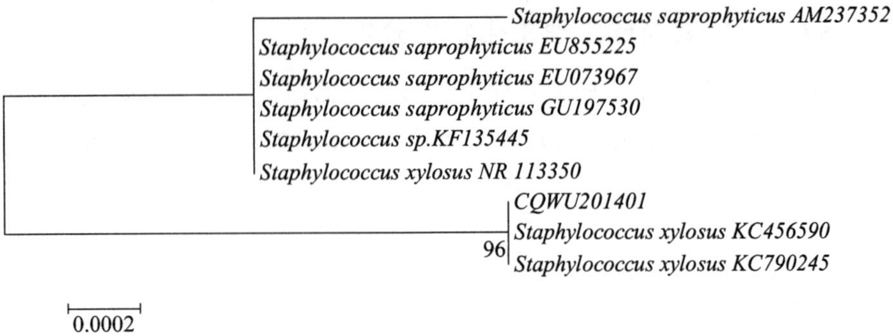


图 5-16　候选菌株 16SrDNA 系统进化树

表 5-12　分离菌株的药敏试验结果

| 供试药物 | 纸片含量/（μg/片） | 抑菌圈直径/mm | 敏感性 |
|---|---|---|---|
| 万古霉素 | 30 | 23 | S |
| 庆大霉素 | 10 | 30 | S |
| 替考拉宁 | 30 | 20 | S |
| 阿米卡星 | 30 | 30 | S |
| 四环素 | 30 | 12 | R |
| 米诺环素 | 30 | 25 | S |
| 多西环素 | 30 | 18 | S |
| 复方新诺明 | 23.75 | 25 | S |
| 氯霉素 | 30 | 25 | S |
| 环丙沙星 | 5 | 22 | S |

注：S—敏感；I—中度敏感；R—耐药

## 5.7　棘腹蛙“水肿病”病原的分离鉴定

在棘腹蛙养殖过程中，蛙易患表现为腹部肿胀、气囊变大等症状的“水肿病”，患病蛙短时间内就会死亡，带来了巨大经济损失。在两栖动物的“水肿病”方面，仅见到孙浩等关于嗜水气单胞菌感染中国大鲵并致病的报道；在蛙类的疫病研究中，这一流行疾病未见任何相关研究。

### 5.7.1　棘腹蛙“水肿病”病原分离

收集患病棘腹蛙成蛙 10 只，2 岁龄，平均体重 65.0±3.0 g，平均体长 30.0±2.0 cm。病蛙明显腹部肿胀，部分气囊肿胀，食量减少，严重患病蛙死亡。剖检可见腹腔积液，胃肿大，其他脏器未见异常。

无菌操作打开 10 只病蛙的胸、腹腔，接种腹腔积液、胃黏液及肝脏、心脏等器官于 LB 液体培养基和固体培养基，28℃培养 18 ~ 24 h，观察培养基上细菌生长情况；同时接种 LB 固体培养基后置于厌氧罐中厌氧培养 18 ~ 24 h 以观察候选菌株对氧气的需求。对分离菌进行进一步纯化，再转接 SS 鉴别培养基培养以便进一步鉴别，并采用革兰氏染色镜检观察。纯化后的菌株加入 25%的灭菌甘油中，置-20℃保存。挑取单个菌落于 LB 液体培养基中，28℃震荡培养 12h。用平板菌落计数法调整菌悬液浓度至 $3.4\times10^7$、$3.4\times10^6$、$3.4\times10^5$、$3.4\times10^4$、$3.4\times10^3$ CFU/mL。将健康棘腹蛙随机分成 6 组，每组 10 只，饲养一周后对其中 5 组进行腹腔注射上述不同浓度的菌液，每只 0.2 mL；另一组腹腔注射 0.2 mL 生理盐水作为对照。每天观察记录死亡情况，并对死亡的棘腹蛙再进行细菌的分离及鉴定，以确定致病菌。

在 10 只患病棘腹蛙腹腔积液、胃黏膜、肝脏均分离到 1 株相同的优势菌。该菌株好氧，在 LB 固体培养基上呈湿润、光滑、低凹的半透明菌落，菌落边缘不整齐；在 SS 鉴别培养基上呈橙黄色菌落，菌落中心呈粉红色，边缘不整齐。革兰氏染色为无芽孢阴性杆菌，鞭毛染色可见周生鞭毛，将该纯化菌株命名为 CQWU201501。候选分离菌株 CQWU201501 人工感染 4 天后棘腹蛙开始死亡，眼观可见 $3.4\times10^4$ 及以上感染组棘腹蛙出现腹部膨大症状，剖检症状与自然发病一致；对照组无任何异常。从感染病蛙的腹腔积液、肝脏等分离出与自然发病相同的优势菌。根据改良寇氏法可计算出候选菌株 CQWU201501 感染棘腹蛙的半致死剂量 $LD_{50}$ 为 $2.14\times10^5$，结果见表 5-13。

表 5-13　候选菌株对棘腹蛙的致病性（死亡数/试验数）

| 菌株 | $3.4\times10^7$ /(CFU/只) | $3.4\times10^6$ /(CFU/只) | $3.4\times10^5$ /(CFU/只) | $3.4\times10^4$ /(CFU/只) | $3.4\times10^3$ /(CFU/只) | 对照 Control | $LD_{50}$ |
|---|---|---|---|---|---|---|---|
| CQWU201501 | 8/10 | 7/10 | 5/10 | 2/10 | 0/10 | 0/10 | $2.14\times10^5$ |

### 5.7.2 分离菌株的生理生化特性分析

对菌株 CQWU201501 进行生理生化特性检测，发现该菌能利用精氨酸双水解酶，DNA 酶阴性，V-P 试验阴性，在蛋白胨水中不能生长，能发酵葡萄糖、棉子糖和木糖等，能利用尿素、氰化钾，不能利用赖氨酸脱羧酶、丙二酸盐，不能液化明胶。生理生化鉴定结果显示候选菌株与弗氏柠檬酸杆菌的生理生化指标趋于一致。具体结果见表 5-14。

表 5-14　候选菌株的生理生化特性鉴定结果

| 测试项目 | 结果 | 测试项目 | 结果 |
| --- | --- | --- | --- |
| 蛋白胨水 | – | 精氨酸双水解酶 | + |
| 棉子糖 | + | DNA 酶 | – |
| 木糖 | + | 西蒙氏枸橼盐酸 | + |
| 葡萄糖 | + | 丙二酸盐 | – |
| 赖氨酸脱羧酶 | – | 尿素 | + |
| 氰化钾生长 | + | 明胶 | – |
| 硫化氢 | + | 磷酸盐葡萄糖胨水（V-P） | – |

注：“+”阳性，“–”阴性

### 5.7.3 分离菌株的药物敏感性分析

药敏实验结果参照美国临床与实验室标准协会（CLSI）药物敏感性试验标准判定，分离菌株 CQWU201501 对氨曲南、头孢吡肟、头孢噻肟、美罗培南、亚胺培南、替卡西林、奈替米星、环丙沙星、米诺环素、四环素、氨苄西林、庆大霉素、妥布霉素、阿米卡星和他唑巴坦、头孢他啶等 16 种抗生素表现出不同程度的敏感性，而对头孢唑啉、复方新诺明表现耐药。详见表 5-15。

表 5-15　分离菌株的药敏试验

| 抗生素 | 纸片含量/（ug/片） | 抑菌圈直径/mm | 敏感性 |
| --- | --- | --- | --- |
| 替卡西林 | 75 | 28 | S |
| 氨苄西林 | 10 | 20 | S |
| 美罗培南 | 10 | 32 | S |

续表

| 抗生素 | 纸片含量/（ug/片） | 抑菌圈直径/mm | 敏感性 |
|---|---|---|---|
| 亚胺培南 | 10 | 30 | S |
| 氨曲南 | 30 | 33 | S |
| 头孢他啶 | 30 | 20 | I |
| 头孢唑啉 | 30 | 13 | R |
| 头孢吡肟 | 30 | 32 | S |
| 头孢噻肟 | 30 | 30 | S |
| 哌拉西林/他唑巴坦 | 100/10 | 22 | S |
| 庆大霉素 | 10 | 17 | S |
| 妥布霉素 | 10 | 20 | S |
| 阿米卡星 | 30 | 22 | S |
| 奈替米星 | 30 | 28 | S |
| 环丙沙星 | 5 | 27 | S |
| 四环素 | 30 | 25 | S |
| 米诺环素 | 30 | 26 | S |
| 复方新诺明 | 23.75 | 0 | R |

通过培养特性观察、回归致病性实验、生理生化特性鉴定和16SrDNA序列测定，本研究确定了致棘腹蛙“水肿病”的病原为弗氏柠檬酸杆菌。弗氏柠檬酸杆菌是革兰氏阴性、需氧或兼性厌氧短杆菌，是柠檬酸杆菌属（*Citrobacter*）的一个种，该属另外还有2个种——无丙二酸盐柠檬酸杆菌（*Citrobacteramalonaticus*）、差异柠檬酸杆菌（*Citrobacterdiversus*），分为11个基因种；弗氏柠檬酸杆菌为该属中的模式种。该菌具有鞭毛和菌毛，所释放的黏附因子有助于细菌侵入机体后黏附于细胞表面，经过定居、繁殖释放大量内毒素引起动物发病；不但可以引起腹泻和脓肿，还可导致如坏死性脓疮、腹膜炎、胰腺炎、坏死性筋膜炎、骨髓炎、肺炎、肾炎、菌血症和脑脓肿等临床症状。以上结果证实了致棘腹蛙水肿的弗氏柠檬酸杆菌分离株对大多数供试抗生素敏感，针对性选取庆大霉素在养殖场使用之后，取得了良好的效果；环丙沙星、美罗培南和亚胺培南也是较佳的选择。对于有条件的养殖场，一定要保持养殖用水洁净

无污染；在养殖区用生石灰粉喷洒，对于预防病原菌的滋生也有一定作用。

## 5.8 棘腹蛙的疾病防控

在养蛙业的发展过程中，病害造成了重大的经济损失，在一定程度上阻碍了蛙养殖业的发展。对于棘腹蛙来说，其疾病的发生不仅是病原体侵染的结果，还与其养殖环境和自身抵抗力等因素息息相关。棘腹蛙一旦发病后，其治疗相对困难。因此，对于养殖户而言，应改变以药物治疗为主的传统观念，向全面预防、健康管理的方向发展，提高科学管理水平，实现蛙的健康养殖。

### 5.8.1 控制和消灭病原体，切断传播途径

（1）利用无病原污染的水源。水源是病原传播扩散的主要途径之一。养殖场水源应当充足、清洁，不带病原体或其他有毒有害物质。养殖池应有相对独立的进排水管道。

（2）做好养殖池的清塘工作。清塘是预防疾病发生的重要环节。新池应经生石灰消毒后使用，老池则须清淤，并尽量使清出的淤泥远离养殖池，并用生石灰进行消毒。

（3）强化疾病检测管理。在棘腹蛙养殖过程中，发现了细菌、真菌、寄生虫等相关的疾病，其中不乏有传染性强、死亡率高的疾病。对各种疾病的病原、病因、流行区域、危害程度等应加深了解，以便及时采取相应的控制措施，杜绝病原的传播。

（4）建立染病蛙隔离制度。蛙一旦发病后，应采取严格的隔离措施，尤其是对于传染性强的疾病。病蛙应做消毒深埋等无公害化处理。发病池的池水未经消毒不能排出，以免造成病原扩散。

（5）做好定期消毒防疫工作。消毒工作应对种苗、饲料、水体、工具等展开。种苗入池前可用适宜的高锰酸钾浸浴消毒，消毒时间根据棘腹蛙体质及适时水温而定；饲料应保证新鲜，对一些鲜活料如蝇蛆等，应用漂白粉进行浸浴；池水定期用生石灰进行消毒；棘腹蛙食场是池中各种病原微生物最容易繁殖的地方，在养殖过程中，应及时对食场进行

消毒，清除残留的饲料、粪便等。

### 5.8.2 优化和改良养殖环境

（1）合理的放养密度。科学合理的放养密度有利于优化养殖环境，不仅可提高养殖单位面积的效益，还可促进生态平衡，尤其是保持养殖水体的微生态平衡，从而有效预防传染性疾病的发生和流行。

（2）科学管理用水。棘腹蛙是两栖动物，其独特的生活习性要求养殖场提供水池和潮湿的陆地。陆地上种植一些草本或豆科类植物，也可搭建荫棚。水质要求清洁，对水的溶氧、pH、盐度、温度等指标要定期监测，使其保持在适宜于蛙生长的范围之内。

（3）合理用药，避免药物滥用。药物具有良好的防治病害的作用，但也会污染环境，使养殖水体微生态失去平衡，引起某些微生物产生抗药性。因此，在病害防治过程中，做到正确诊断，对症下药，并应选用疗效好、副作用小的药物。

### 5.8.3 提高机体抗病能力

（1）改良和优化棘腹蛙品质。棘腹蛙的抗病能力相对较强，但在饲养过程中往往出现近亲繁殖现象，使其品质下降，抗病能力的优势逐渐消失。因此，应极力避免近亲繁殖，改良棘腹蛙的品质，提高机体抗病能力，是减少蛙病发生的重要途径之一。

（2）培育和放养健壮苗种。蝌蚪培育是两栖动物养殖一个重要的环节，蝌蚪的体质直接影响到变态成活率和幼蛙的抗病能力。

（3）投喂优质的饲料。养殖中，投喂的饲料必须保证新鲜，同时要求营养的全面和均衡。有研究表明，蛙的“烂皮病”与饲料中长期缺乏维生素 A、D 有着密切关系。

（4）减少蛙的应激。棘腹蛙是一种变温动物，且天性胆小，许多因素均会引起蛙的应激反应，比如人为干扰、水温变化过快、噪声等。一旦应激反应过于强烈或持续时间较长，则蛙自身抵抗力明显下降，从而可能引起疾病的爆发和流行。

# 第六章　中国大鲵传染性疾病诊断与防控

## 6.1　中国大鲵的分布和生活习性

### 6.1.1　中国大鲵的分布和种群特点分析

中国大鲵（*Andrias davidianus*），在分类学上隶属于两栖纲（Amphibia），有尾目（Caudata），隐鳃鲵科（Cryptobrachidae），中国大鲵属（*Andrias*），为我国特有物种，俗称娃娃鱼、人鱼、孩儿鱼、狗鱼、脚鱼，是国家二类保护水生野生动物，曾被纳入《濒危野生动植物种国际贸易公约（CITES）》附录 I 中，属于极危物种，也是农业产业化和特色农业重点开发品种。中国大鲵主要分布在黄河流域、长江流域及珠江水系，其中陕西秦岭地区是中国大鲵的最大产地，2010 年 6 月，农业部授予陕西省汉中市“中国大鲵之乡”称号。20 世纪 70 年代末，中国大鲵被我国相关科研人员进行了首次人工繁殖，取得了极大成功，之后的几十年间，中国大鲵被我国各地人员陆续进行养殖和繁殖，其作为一种养殖业得到了迅猛发展，目前已在水产养殖业中成为高效养殖的优良品种之一。中国大鲵经济价值极高，在美食、保健、医药和观赏等方面均具有广泛开发利用的前景，因而颇受社会各界关注。

1. 中国大鲵的地理分布

中国大鲵曾在中国广泛分布，主要分布区包括长江、黄河及珠江流域的中上游地区及其支流的山溪河流，长江、珠江中下游也有零星分布，遍及华中、华南和西南等 17 个省（自治区、直辖市）。最北到达山西，但限于最南部的垣曲县及泌水、阳城与垣曲三县交汇处，南达广西，东临滨海，向西达到青海湖湖区，跨越古北、东洋两界。除西藏、新疆等少数几个省（直辖市、自治区）未发现中国大鲵外，其他各地均有分布的报道。河北省曾报道有人见过并捕到过中国大鲵，但多次野生动物种群分布调查显示，河北省并无中国大鲵自然种群的分布。近年来，曹玉萍等研究确定，河北省（含京津地区）境内无中国大鲵自然种群的分布，偶见的中国大鲵为中国大鲵成体，可能是幼鲵或成鲵因偶然被带至该地而成功存活的结果，并未定殖。其他非中国大鲵分布区的省（直辖市、自治区）发现中国大鲵的原因也与河北类似，这一结论可基本界定在动物地理区划上中国大鲵分布的最北限为华北地区。

中国大鲵喜栖息于山涧水深、水质清凉、泥潭水流急湍及岩石空洞较多的山溪中，地质结构多具有丰富的石灰岩层。栖息地自然环境良好，气候温凉湿润，年平均气温 12～17℃，最冷月平均气温 2℃以上，最热月平均气温 27℃以下，全年无霜期 220～270 d，冬季几乎没有冰冻。因此，中国大鲵野生资源较多的省有陕西、湖北、湖南、四川、贵州、河南、江西等。中国大鲵优生区集中在陕西汉中、湖北十堰、贵州黔南黔东、湖南张家界及江西靖安。中国大鲵濒危程度的加剧，使目前中国大鲵的分布区极大缩小，并呈现破碎化的生境和点状分布特点，中国大鲵生境岛屿化严重。中国大鲵资源总体上带状和片状的分布区已不复存在，不连续的点状分布格局已成为该物种存在的主要模式。生存地点多为人类难以达到的石灰岩溶洞或者地下暗河，且资源量仍呈衰退趋势。湖南、贵州、陕西、四川等常见中国大鲵野外分布区，地表河溪中均难见到中国大鲵，溶洞或者暗河这些恶劣、孤立生境下中国大鲵生存受到严峻的胁迫。

2. 中国大鲵种群特点分析

陕西南部的秦岭、巴山、米仓山地区是我国野生中国大鲵分布气候最适宜、数量最多的地区，在 20 世纪 80 年代初中国大鲵资源依然非常丰富，汉中市内山区的河道内经常可以见到中国大鲵活动。1990 年前后汉中市中国大鲵数量锐减，1991 年存量在 2.2 万～2.3 万尾。但时至今日，自然中国大鲵几近绝迹，河溪内见不到中国大鲵存在。湖南张家界市中国大鲵资源曾非常丰富，20 世纪 50 年代桑植、大庸和刺梨 3 个县每年收购出口 5 万千克中国大鲵，80 年代后中国大鲵资源迅速减少；2006—2008 年罗庆华等对张家界市中国大鲵分布区域和资源数量调查发现，野生资源仅存 2001 尾。山西全省中国大鲵资源量在 20 世纪 70 年代末约为 10 t，到 1994 年锐减到 2 t 左右，部分河溪中中国大鲵已经绝迹。在河南伏牛山区，中国大鲵曾是当地的两栖动物优势种，20 世纪 70 年代前，内乡宝天曼自然保护区（当时还未建成保护区）几乎所有溪流都有中国大鲵分布，80 年代后期仅在高山溪流中见到，90 年代难见其踪迹，2010 年调查证明已无中国大鲵分布。贵州黔东武陵山区曾是中国大鲵的主要产区，溪河中经常可见中国大鲵，20 世纪 80 年代中国大鲵资源蕴藏量急剧下降，现今仅有零星分布，且多生活在喀斯特地下暗河中，不易被发现和调查。安徽皖南山区和大别山区自然环境优越，中国大鲵曾分布广泛，资源量丰富，1994 年安徽水产局进行全省中国大鲵资源全面调查时发现有 36.5 ~ 56.2 t，但正以惊人的速度衰减，多地已绝迹。可见，中国大鲵的野生种群数量已急剧下降，物种资源几近枯竭。

### 6.1.2　自然和养殖环境下中国大鲵的繁育研究

1. 野生中国大鲵的繁育分析

自然界中中国大鲵栖息在水质清新、水流湍急的山溪或河岸边岩洞、大石下、石隙或水草繁茂的凹坑内。水质浑浊，会使其呼吸受阻，甚至导致死亡。研究表明，水深、洞口宽、水流速度、河底组成等生态因子对于中国大鲵栖息洞穴选择最为重要，而其中海拔和洞口高度的影响不大。

由于近些年野生中国大鲵的数量规模有明显减少的趋势，大多数学者都对中国大鲵在各地的资源量进行调查评估，与此同时对中国大鲵的繁殖规律做了深入的研究。关于中国大鲵繁殖的生态环境研究，其中包括非生物因子和生物因子。对张家界国家级中国大鲵保护区境内野生中国大鲵的栖息繁殖洞穴进行生态学考察。对海拔、洞口的宽度与高度等多个生态因子进行定量观测和主成分分析，结果表明，影响中国大鲵选择繁殖洞穴的主要因子是洞口宽度、洞底组成，以及洞穴中水的透明度、pH、流速、饵料丰富度 6 个因子。对中国大鲵繁殖洞穴相连河段进行调查，发现多为山溪流。对繁殖洞穴中水的溶解氧、化学耗氧量、硫化物等 5 项主要指标进行检测，除硫化物外，其他指标多达到国家饮用水的水质标准，可见中国大鲵自然繁殖对洞穴与水质的要求较高。

中国大鲵的自然繁殖时间为每年的 5 ~ 9 月，8 月为繁殖高峰，有研究发现最小产卵雌性个体为 350 g，产卵前有明显的发情行为。通过中国大鲵性腺发育的组织学研究，得出 5 ~ 10 月卵巢均有成熟卵，中国大鲵产卵主要在初秋（ 8 月上、中旬），但主要成熟季节是夏季，繁殖的盛期是夏末秋初，夏季少见繁殖，其中主要原因是温度较高，其活动较少。中国大鲵通过产卵繁殖，体外受精。

中国大鲵的自然繁殖率很低，除去人为盗捕等社会因素外，其中自然环境因素主要有：

① 被天敌吃掉。中国大鲵把卵产在洞口，流水常把部分卵带冲断带走。这些卵带失去了亲鲵的保护。常被其他中国大鲵、青蛙、鱼及鸟类等吃掉，孵出的小鲵苗也常会被天敌吃掉；

② 中国大鲵的产卵高峰在初秋。鲵苗长到 4 ~ 5 cm 后开始冬眠。部分体弱者不能安全过冬。

③ 中国大鲵自身因素。夏季是雌性中国大鲵的性成熟季节，雄性在春末夏初性腺发育，夏季是高峰期，秋季繁殖结束后，性腺处于规律性变化。繁殖季节的水位变化会影响到中国大鲵精子的活性与寿命，也会影响其繁殖。

### 2. 中国大鲵人工繁育技术的研发及应用

近 10 年来，中国大鲵的人工驯养繁殖技术发展迅速，与野生中国大鲵资源衰退的情况形成鲜明对比。自 1979 年阳爱生等取得中国大鲵人工繁殖的初步成功以来，众多学者对其人工催产技术进行了探索改进，刘鉴毅、金立成等研究了提高中国大鲵催产率的方法，中国大鲵驯养繁殖技术获得较大进步。2002 年人工条件下尚不能进行自然产卵受精，只能借助于人工催产受精的方法；2004 年中国大鲵的自然受精试验取得成功。已有研究对中国大鲵催产药物和温度进行筛选，确定了较合适的催产温度、药物种类和剂量。张红星等研究表明，中国大鲵催产药物选用 LRH-12 和 HCG 的效果较好。肖汉兵等对池养中国大鲵的催产进行了较系统的研究，包括催产方法、效应时间、产卵量等，使得中国大鲵的人工催产技术得以进一步发展。随着李新民对全人工条件、施学文对山洞环境中中国大鲵人工繁殖技术的研究取得成功，目前中国大鲵人工繁殖技术已趋于成熟，在全国很多地方得到应用推广。

1）亲本培育

中国大鲵雌雄性腺发育不同步，亲本性腺成熟度直接影响催产率和出苗，亲本的培育是繁殖的先决条件，良好的培育也有助于扩大种群数量。金立成研究了中国大鲵规模化繁殖亲本培育的营养、方式和季节性。冬季、春季及产前根据中国大鲵性腺发育特点采用不同培育方法，效果较好。张红星等研究了仿生态条件下亲鲵的培育，还对培育亲鲵的水温进行了深入研究；2012 年对单池群养培育、单池单养培育、雌雄一对一隔网单养培育方式研究发现，雌雄一对一隔网单养对亲鲵培育较为有利。另外，饵料的多样化，交替投喂和添加维生素等能很好地促进亲本性腺的发育。采取这些研究方法，已培育出大批性腺成熟的亲鲵。

2）中国大鲵的催产时间分析

中国大鲵催产时间直接影响人工繁殖的效果，甚至影响繁殖的成败。阳爱生等研究表明，中国大鲵性腺主要成熟季节为夏季，繁殖盛期是夏末秋初。葛荫榕等、王文林等研究表明，中国大鲵主要产卵时间为初秋。李骏珉根据生产实践摸索出中国大鲵繁殖盛期在夏中，即 6 月中旬至 7 月中旬。因此，至今对繁殖盛期仍无定论，可能是生产实践中不同地区实际环境差异较大造成。根据以上研究的时间范围，结合实际情况及饲养经验，多数繁殖场已基本掌握了最佳繁殖时间。

3）中国大鲵精液的保存分析

人工繁殖过程中，由于雌雄亲鲵发育不同步、雄性性成熟率低及雌性种鲵产卵持续时间较长（几小时或几天）等原因，加之精子活力弱，往往使得精卵不能在最佳时间结合，导致受精率低，甚至不能成功受精，错过最佳受精时间。精子的存活时间长短、活力保持对繁殖较为重要，通过对精液离体保存技术的探索发现，保存液、温度、光照等对精子存活时间和活力的影响较大。适宜的保存条件，如低温、暗光环境能延长精子存活时间，但超低温冻存中国大鲵精液会导致精子超微结构变化而冻伤，降低其复苏率和活力。0～4℃条件保存效果极好，该温度范围内保存精液时间比常温下显著延长，0℃下精子存活时间可达 9 d。乔志刚等比较了 RINGER 氏液（鱼用任氏液）、0.9%生理盐水、山泉水和蒸馏水等保存液稀释精子原液后精子的存活时间，4 种保存液中精子都比原液中保存时间有明显缩短；彭亮跃在精子原液中添加保存液 Ringer 氏液或 Holtferte 氏液，精子存活率比原液保存显著降低，但通过对比不同保存液中精子的运动能力发现，在鱼用任氏液中精子活力相对较强，在人工授精步骤选择精子稀释液时，选择鱼用任氏液较好。温度对精子活力的影响较大，相对低温其活力较差，相对高温精子短时间的活动力强但存活时间较短，受精的水温控制在 20～25℃较为理想。在人工授精过程中，增加对采集中国大鲵精子活力镜检，可极大提高卵的受精率。这些研究为中国大鲵人工繁殖技术效率的提升奠定了基础，但是现有养殖生产中中国大鲵精液多为即采即用。

### 6.1.3　中国大鲵遗传多态性分析

中国大鲵遗传学是近些年研究的热门之一，对野生中国大鲵的保护工作具有指导意义。中国大鲵遗传学常用到的研究方法有微卫星标记法、同工酶法和线粒体测序法。Meng 等对野生和养殖中国大鲵群体的 11 个微卫星多态位点进行了鉴定，结果表明，野生群体中的等位基因比养殖群体多，2 个群体的杂合度均大于 0.553。这说明养殖群体的遗传多样性低于野生群体，可能是由于人工育种中的近亲繁殖所致。此外，同工酶和线粒体基因测序也是分析种群遗传的重要手段。Murphy 等利用同工酶电泳和线粒体 DNA（mtDNA）序列分析了中国大鲵 6 个种群间的遗传差异，对所有种群的 40 个同工酶基因座进行了解析，群体间的遗传分化程度与其他两栖动物相当，mtDNA 序列显示黄山种群与其他种群有明显的差异，表明黄山种群存在着局部分化。同样，Mat-sui 等利用线粒体基因研究了日本中国大鲵（*A.ja-ponicus*）和中国大鲵（*A.davidianus*）27 个群体 46 个样本的种群遗传关系。结果显示，中国大鲵的遗传分化程度较大，而日本中国大鲵的非常小。究其原因，主要是由于中国大鲵存在人工迁徙，基因扰动大，而日本中国大鲵生活的水域环境较为稳定，种群遗传波动较小。近年，也有学者从种群遗传学角度探索野生中国大鲵的种群数量，如 Langin 分析了 70 只野生中国大鲵和 1034 只养殖场饲养的中国大鲵的 DNA，结果发现，野生个体可以分为 5 个截然不同的基因群，它们在 500 万 ~ 1000 万年前彼此分离，所有这些种群在野外都处于极度濒危状态。Yan 等的研究也支持了以上结果，其认为中国大鲵至少由 5 个种群组成，多则 8 个，物种分化时间约为几百万年以前，而养殖中国大鲵中约有 78%属于“陕西种”。那么，这些野生种群是如何形成的，它们的遗传结构和地理分区有无关系？中国大鲵主要分布在长江流域、黄河流域和珠江流域，这 3 个区域的野生中国大鲵是否来源于同一祖先？它们之间的遗传距离是多少？地理区域内和区域间的遗传变异率是多少？Tao 等对这些问题进行了研究，其结论表明遗传变异是由地理分区造成的，并且主要发生在一定的地理区域内。总的来说，中国大鲵种群遗传学的研究成果为明晰野生中国大鲵的遗传背景，开展种质资源的针对性保护工作提供了十分有益的借鉴。

在恐龙出现之前，地球上最高级的掠食者之一是生活在泛大陆热带地区的蝾螈状两栖动物，体长 2 m 左右，比人还大，但是其四肢细长，不足以长时间支撑它们的躯体，因此大部分时间都待在水里，以鱼为食，它们就是中国大鲵的远祖。随着地壳运动，沧海变桑田，古生物的生活环境发生了巨大变化，经过亿万年的演化，它们在体型上逐渐变小，并且由于长期处于干涸环境而对陆地生活有了一定适应能力，终于进化为现在的中国大鲵物种。基于中国大鲵进化过程的特殊性，常被用作物种进化研究的材料，研究方法主要有形态学和分子生物学。从形态学上来看，中国大鲵具有头部、躯干部、尾部及附肢，可以在水中生活也可以在陆地生活，是从水生脊椎动物向陆生脊椎动物过渡的中间类群，属于两栖类动物。但是在过去，中国大鲵属于两栖类哪个科，具体的进化分类地位还存在着小的分歧。基于传统形态学的研究，有人认为中国大鲵属于隐鳃鲵科（Cryptobran-chidae）里最原始的一支，但也有人认为中国大鲵与小鲵科和蝾螈科亲缘关系较远，从进化过程来看，有可能是独立分化的一支，应该归为无肺螈科（Plethodontidae）或钝口螈科（Ambystomatidae），目前学界主流认为中国大鲵属于隐鳃鲵科（Cryptobran-chidae）。随着现代分子生物学技术的运用，极大丰富了中国大鲵系统进化的研究，人们对中国大鲵基因组进行了测序，并与另外的脊椎动物基因组比对，分析其系统进化关系，这方面报道较多。Wang 等对中国大鲵的 16 个微卫星位点进行了分离与鉴定，为中国大鲵基因组学研究奠定了基础。Huang 等利用 RNA-seq 技术获得了中国大鲵的转录本，并对其进行了转录组学分析，该研究为中国大鲵的基因组学和系统进化分析奠定了基础。Qi 等克隆了 3 个中国大鲵组织的蛋白酶基因（adCTSH、adCTSL 和 adCTSS），它们与其他脊椎动物的组织蛋白酶具有较高的同源性（48% ~ 67.8%）。类似地，Zhang 等采用聚合酶链反应（LA-PCR）分析了中国大鲵线粒体基因组，也表明与大多数脊椎动物的序列相同。这些分子生物学技术成果较之形态学，更加精准，具有说服力，有助于深入研究中国大鲵的系统进化关系。

## 6.2 细菌性感染对中国大鲵的影响分析

### 6.2.1 养殖环境对中国大鲵细菌性感染的影响

中国大鲵的养殖在我国名特水产品的开发中也占据着重要的地位，近年来受到养殖者青睐，我国中国大鲵养殖产业在过去的十多年内得到了快速的发展。人工养殖条件下的中国大鲵，饵料丰富，营养补充充足，通过人为调控环境因子，可以达到中国大鲵最合适生长条件，几乎一年四季都处在高速生长阶段，一般 2 ~ 3 年就可以生长到达成体阶段，比野生中国大鲵到达成体阶段的时间缩短了将近一倍。人工养殖中国大鲵已经有 30 多年，中国大鲵养殖的模式也逐渐开发出来，主要有工厂化养殖模式、仿生态养殖模式和原生态养殖模式 3 种。工厂化养殖是使用最广泛的一种养殖模式，中国大鲵的生长速度快，为养殖者带来很高的经济效益，但是投入成本较大，而且疾病的集中爆发概率大；仿生态养殖模式比工厂化养殖模式的投入成本低，无须人为改变环境因子，中国大鲵的养殖效果较好，感染疾病风险降低，但是要防止中国大鲵逃逸，这就要求养殖技术人员必须精心看护；原生态养殖模式虽然养殖成本低，但是养殖周期长，中国大鲵染病率大，回报较慢，养殖技术人员看护的难度增大，所以推广使用较少。

造成中国大鲵疾病产生的外因主要是养殖环境、设备不达标及管理不善等，主要包括以下几个方面：① 水质：中国大鲵对水体的要求很高，水体透明度和 pH 要在一定范围内，若水体被污染，一方面可造成病原微生物大量繁衍、滋生，另一方面可导致中国大鲵的正常免疫力下降，从而发病；② 水温：低于或超过中国大鲵最适生长温度会引起代谢紊乱，产生应激反应，降低抵抗力；③ 饵料：养殖过程中一般投喂鱼虾等饵料，需定期更换，否则单一饵料会引起营养缺乏症状，饵料也需进行消毒处理，其自身携带的致病菌易引起中国大鲵染病；④ 媒介：相关养殖设施消毒不彻底，空气不洁净，无通风设施，都会引发感染；⑤ 养殖池条件较差。养殖池的池壁、池底、管洞等设施粗糙，当中国大鲵活动尤其尾部活动时，可能导致鲵体擦刮、划伤。⑥ 放养不合理：受养殖环境的条件制在自然界的各种水体中都存在嗜水气单胞菌，它是条件致病菌，当中国大鲵生长环境受到污染且体质下降时容易受到感染。此外，当养殖池使用循环水时，一旦某池发病，可能造成疾病的交叉感染；相互之间的撕咬打斗所造成的伤口极易被病原菌入侵；强光刺激或毫无光线，温度剧烈变化，这些都易诱发中国大鲵应激、诱发疾病而死亡。

中国大鲵有喜静怕惊、喜阴怕光习性，因此，环境安静是养殖场所的首要条件。此外，中国大鲵养殖选址还需考虑水源、饵料鱼资源等因素，最好选择交通便利、小鱼虾等饵料鱼非常丰富的地方，要求山间溪水等泉水资源丰富，水质优良，水温常年在 15 ~ 22℃，pH 在 6.5 ~ 7.5。

在修建养殖池塘时，排灌水管、饵料台、人工洞道、栖息陆地等设施的接触面壁要做得光滑，最好有苔泥等附着物；放养前将鲵种用食盐水浸泡 5 min，要轻拿轻放，放养规格整齐的鲵苗，分塘要及时，避免大欺小、恃强凌弱造成鲵受伤。在投喂过程中发现有食物在水体中时要及时清理，避免造成水体污染。发现中国大鲵患烂尾病时，应及时将病鲵隔离饲养，避免相互感染；对有病的中国大鲵要及时治疗，使用强氯精 0.4 mg/L 或二氧化氯 0.3 mg/L 全池泼洒，1 次/d，连用 4 d；对病情较重的中国大鲵，先用 20 mg/L 高锰酸钾溶液浸洗 20 min，将创伤表面的附着物彻底清洗，再使用硫磺软膏涂敷患处，1 次/d，1 周内可以痊愈。

另外，中国大鲵的养殖关键是对养殖水质的调控。清新、无污染、无混浊、溶氧高的水源是养殖中国大鲵的基础。中国大鲵野性十足，捕食活动迅速有力，经常受伤，被感染的可能性增加。经过观察发现，80% 的病害都是由于伤口感染引起，如果处理不及时或不当，很快便会死亡。在无污染的水体中，感染率有所降低、感染程度也会减轻，对养殖成活率的提高起决定性作用。有效控制水温，增加中国大鲵的吃食量，可以有效提高生长速度。每年的冬季和夏季，养殖池中的水温出现生长极值，严重影响中国大鲵的吃食和生长。应适时通过人工调整进入养殖池中的流水温度改变养殖池水温，中国大鲵在比较适宜的水温中生长会使其生长期延长、生长速度加快，经济效益明显提高。

### 6.2.2 中国大鲵常见的细菌性疾病及其危害

由于中国大鲵具有极高的经济价值和科研价值，随着野生中国大鲵资源的锐减，人工养殖备受关注，但随着养殖规模的发展，由于饲养密度增加、养殖水温水质不佳等环境压力增大，且养殖人员对中国大鲵疾病防治的了解不足，中国大鲵病害日趋厉害，给养殖带来经济不利。

中国大鲵细菌性疾病病原种类较病毒更为多样，也更为常见。自 1999 年王高学等报道了中国大鲵被Ⅰ-型荧光假单胞菌（*Pseudomonas fluorescens*）感染导致的“赤皮病”开始，相关报道日渐增多。中国大鲵的细菌性疾病常见的有腹水病、腐皮病、败血症和赤皮病，疥疮、烂尾病、烂腿病、肠炎、腹胀病、打印病和白点病等。这些疾病目前发现的中国大鲵细菌种类主要有嗜水气单胞菌，迟钝爱德华菌，荧光假单胞菌，豚鼠气单胞菌，类志贺邻单胞菌，柱状黄杆菌，弗氏柠檬酸杆菌（C. freundii）等。

由于中国大鲵生活的环境复杂，养殖条件参差不齐，往往导致感染中国大鲵并发病的病原不止一种。在发病的中国大鲵体内，经常可以分离到多种病原。于喆等对患病中国大鲵的不同部位进行病原分离、培养和纯化，最终得到 12 株细菌，经鉴定，这些菌中的布拉克柠檬酸杆菌（*Citrobacter braakii*）、嗜水气单胞菌（*A. hydrophila*）和洛菲不动杆菌（*Acinetobacter lwoffi*）是主要的致病菌。研究表明，患“细菌性败血症”的中国大鲵体内可分离到嗜水气单胞菌、弗式柠檬酸杆菌和柱状黄杆菌（*Flavobacterium cloumnare*）。在贵州省某中国大鲵养殖场发生了以中国大鲵体表和四肢多处溃烂、内脏器官出现充血、出血为特征的疾病，经过临床症状观察、病理解剖及实验室诊断，诊断为虹彩病毒和嗜水气单胞菌的混合感染。

中国大鲵感染的细菌性疾病的临床症状很多都相似，并且易造成继发感染和混合感染。所以只靠临床表现的初步诊断并不可靠，还要做进一步的实验室诊断才能确定病原菌种类。常规的实验室诊断首先进行病原菌的分离。从患病中国大鲵体表、肝脏、肾脏、肠道、四肢和腹水等病灶部位采集病料，利用平板划线法，分离细菌并保存至斜面备用。对分离纯化后的细菌进行菌落形态观察及革兰氏染色，观察细菌的个体形态及染色特征。随后进行人工感染动物试验，筛选致病菌株。鉴定致病菌生理生化特性，并与 16SrRNA 检测技术相结合，使病原菌的鉴定结果更加准确。最后再通过药敏实验对致病菌进行耐药分析，为防治该菌感染所致的疾病提供科学依据。

### 6.2.3 气单胞菌感染对中国大鲵的影响

气单胞菌属（*Aeromonas*）属于弧菌科，主要包括温和气单胞菌（*Aeromona ssobria*）与嗜水气单胞菌（*A. hy-drophila*），区别要点在于前者生化特性方面对七叶苷和水杨苷的分解不明显；豚鼠气单胞菌（*A. caviae*）与同属上述两种菌最重要的区别在于生化特性方面的发酵葡萄糖产酸不产气。从目前情况来看，感染中国大鲵的细菌大多属于气单胞菌属，其中以嗜水气单胞菌（*Aeromona shydrophila*）为甚。

1. 生物学特性

嗜水气单胞菌（*Aeromona shydrophila*）是气单胞菌属的模式种，是革兰阴性，为短小杆菌，有鞭毛，无荚膜，不形成芽孢。目前已知的毒力因子有气溶素、溶血素、黏附素、脂多糖、胞外产物、S 层蛋白等，都可以引起鱼类不同的病症，其中黏附素是细菌感染动物的关键。生长温度为 4 ~ 41℃，最适温度为 25 ~ 30℃。生长 pH 为 5.0 ~ 9.0，最适 pH 为 7.2 ~ 7.4，该菌广泛地分布于自然界潮湿地，是引起水产生物病害的重要病原体。

2. 致病特征

因嗜水气单胞菌能通过许多不同的调节机制改变基因表达和适应生存环境，现被认为是病原菌而非机会性致病菌。在适宜环境下便大量繁殖且单独感染或与其他病原共同感染宿主，饲养环境恶劣，适宜嗜水气单胞菌生长增殖及中国大鲵抵抗力较弱的情况下，容易发生爆发性感染。可引起中国大鲵的腹水病、腐皮病。

在自然条件下，嗜水气单胞菌可通过黏附素黏附于中国大鲵皮肤、肠道的细胞表面，通过一定的机制、途径侵入动物机体，定植于皮肤及肠道内的细胞。在细菌定植期间，菌体的膜外蛋白与宿主细胞膜受体的糖残基发生反应，从而聚集在宿主细胞上；细菌的脂多糖可使菌体改变代谢，以适应温度、pH、渗透压等，同时作为细菌内毒素的主要物质又可造成组织内白细胞数目变化和弥散性血管内凝血，抑制层黏连蛋白和嵌有脂质的层黏连蛋白受体的结合，使黏膜、浆膜受损；其膜外蛋白、S 层蛋白、胞外蛋白酶等可保护菌体免受吞噬及抗体、补体的作用。细菌定植后大量繁殖，夺取宿主的营养，使中国大鲵机体的抵抗力进一步下降，肠道中的菌体通过肝门静脉感染肝脏、胰脏等器官，进而通过体循环感染全身各组织脏器。菌体在不同的组织细胞内定植、增殖后产生外毒素。大多数的外毒素又通过蛋白酶降解发挥活性，其中：溶血素具有溶血性与细胞毒性，能引发败血症与介导炎症反应，亦可抗吞噬；气溶素具有溶血性、肠毒性和细胞毒性，其成熟的蛋白可破坏细胞膜的渗透性使细胞死亡；尿素酶对菌体具有保护作用，还可产生氨削弱黏液的屏障功能，造成细胞变性。

嗜水气单胞菌可引起腹水病，是中国大鲵规模化养殖中发生的主要疾病之一，主要表现为腹部积水，尾部皮肤局部出血、坏死，形成溃疡，内脏肿胀出血等病症。对患腹水病中国大鲵的腹水和肠道中细菌进行培养和鉴定，同时对病原菌进行药物敏感试验，最终发现导致中国大鲵腹水病的主要病原为嗜水气单胞菌。另外，根据嗜水气单胞菌气溶素基因（hlyA）序列，现已建立了检测中国大鲵致病性嗜水气单胞菌的 PCR 诊断方法，对致病性嗜水气单胞菌 DNA 的最低检测量为 0.4 ng/L。同时，对 123 份中国大鲵病料进行检测，结果与细菌学和生化检验结果符合率为 97.6%。

3. 其他气单胞菌

研究表明，在患“腐皮病”的中国大鲵中可分离一株维氏气单胞菌（*Aeromonasveronii*），该菌对供试健康中国大鲵、斑点叉尾鮰和小白鼠有较强的致病作用，对供试 27 种抗菌药物中的头孢美唑等 6 种高度敏感，对阿奇霉素和新霉素 2 种中度敏感，对诺氟沙星等 19 种药物耐药。随后对维氏气单胞菌自然感染中国大鲵的肌肉、肝、肾、肺、肠道等器官的组织病理学变化进行了观察，证实了该菌能使中国大鲵的多个组织器官出现严重的病理变化而导致死亡。

另外，在贵州省贵定锦江中国大鲵养殖中心爆发的导致中国大鲵皮肤溃烂、出血，口腔出血，严重腹水，在其病料中分离鉴定了一株温和气单胞菌（*Aeromonassobria*），该菌对庆大霉素、复方新诺明、丁胺卡那霉素、氨曲南、头孢替坦、头孢曲松和头孢唑啉等药物敏感。在四川省，对患“腐皮病”的中国大鲵皮肤组织研究发现，致病菌为气单胞菌，根据该菌在胰蛋白大豆培养基中出现褐色色素的特性，判定该致病菌为杀鲑气单胞菌杀鲑亚种（*Aeromonas salmonicida subsp. salmonicida*）；使用新霉素、头孢肤肟、丁胺卡那霉素等药物在皮下封闭注射治疗获得了良好的效果。同时，有研究也从中国大鲵中分离到杀鲑气单胞菌，该菌感染后可导致中国大鲵产生溃疡、出血、腹部肿胀、体表黏液脱落，体表有白色透明的小疥疮或溃疡，部分患病中国大鲵四肢肿大、出血，尾部有出血点；该菌对甲砜霉素和恩诺沙星极度敏感。

4. 治疗措施

不同地区，不同养殖水体的中国大鲵感染的嗜水气单胞菌对药物敏性不同，孟彦等最早报道从浙江某养殖场患“腹水病”的中国大鲵腹水和肠道分离并鉴定了嗜水气单胞菌，药物敏感试验显示该病原菌对庆大霉素、环丙沙星、阿米卡星等药物敏感，对氨苄青霉素、舒巴坦、头孢唑啉等药物具有抗性。李权生等分离出来的对呋喃妥因特别敏感，然而对头孢噻吩、庆大霉素、头孢噻肟等有耐药性；徐景峨等通过病原分离、动物回归、菌株16SrRNA基因测序等实验方法从四肢和腹侧的皮肤溃烂、口腔黏膜弥漫性出血以及肝脏肿大为临床病理特征的贵州某养殖场中国大鲵体内分离鉴定了一株嗜水气单胞菌。随后进行的药敏实验表明该菌对头孢噻吩、庆大霉素、诺氟沙星、头孢三嗪高度敏感，对多西环素、头孢唑啉、卡那霉素中度敏感；敏感药物治疗能抗菌，但皮肤溃烂组织、深部肌肉组织抗炎效果较差。钟蕾等在湖南患病中国大鲵的体表病灶和体内器官中分离了细菌，通过人工感染试验、细菌形态观察和生理生化实验，结果显示引起中国大鲵发病的病原为嗜水气单胞菌。该菌株对环丙沙星、头孢曲松、头孢他啶、头孢孟多、头孢哌酮、庆大霉素、头孢西丁药物相对比较敏感，而对克林霉素、头孢唑林、甲硝唑和复方新诺明具有耐药性。欧东升等对分离得到的中国大鲵源菌株进行药物敏感性试验发现，其对氨苄、头孢等药物具有抗性。不过药敏感性是体外检测，而药物在动物体内作用时会受许多因素影响，因此药物疗效与药物敏感性结果会有一定差异。

### 6.2.4 假单胞菌感染对中国大鲵的影响

1. 假单胞菌的生物学特性

假单胞菌属（*Pseudomonas*）属于假单胞菌科（Pseudomonadaceae），为革兰氏阴性需氧无芽孢杆菌。触酶阳性，氧化酶阳性（除浅黄金黄单胞菌和栖稻黄色单胞菌），不发酵糖，能在麦康凯培养基上生长。本属细菌种类繁多，广泛存在于土壤、水、植物及腐物中。其中多种细菌是人及动物原发性或机会性致病菌。

假单胞菌属常见菌包括铜绿假单胞菌（*P. aeruginosa*）、荧光假单胞菌（*P. fluorescens*）、恶臭假单胞菌（*P. putida*）、斯氏假单胞菌（*P. stutzeri*）、门多萨假单胞菌（*P. mendocina*）、类产碱假单胞菌（*P. pseudoalcaliges*）、产碱假单胞菌（P. alcaligenes）、浅黄假单胞菌（*P. luteola*）、栖稻假单胞菌（*P. oryzihabitans*）。目前，针对中国大鲵的致病菌主要有荧光假单胞菌、恶臭假单胞菌，两者多个特征较为相似，区别要点为前者不液化明胶、不产生卵磷脂酶，陈旧培养物上有腥臭味。

2. 致病特征

荧光假单胞菌（*Pseudomonas fluorescens*）可通过体表的创伤感染中国大鲵。有研究表明，通过致病菌分离培养后进行人工体内注射再感染动物试验，确定了Ⅰ-型荧光假单胞菌是中国大鲵“赤皮病”“烂尾病”“腹水症”的病原之一。发病中国大鲵症状表现为全身肿胀充血，有炎症性的红疹块和化脓性溃疡，腹腔可见红色带血，肝肠组织呈明显的红白相间的花斑状糜烂。荧光假单胞菌还可产生内毒素损伤组织细胞，导致宿主败血病发生，患病中国大鲵死亡率高。另外，在显微观察中荧光假单胞菌可使中国大鲵组织细胞出现肿胀、颗粒变形、玻璃样变和坏死崩解，大量红细胞变形、碎裂溶解，溶血性贫血，血液中白细胞极少，无白细胞浸润现象。四川洪雅人工养殖中，从自然发病的中国大鲵肝、肾中分离到一株荧光假单胞菌，以腹腔注射、浸泡的方式进行人工感染试验，证实其为养殖中国大鲵的病原因，同时通过生理生化特性测试、16SrDNA 序列测定和聚类分析证实了该菌为荧光假单胞菌（*Pseudomonas fluorescens*）。

2015 年，在四川某中国大鲵养殖场养殖的中国大鲵出现了以体表褪色、两侧充血，腹部异常膨大，严重呕吐等主要症状的疾病，患病严重的病例甚至可见将胃呕吐至口腔，发病率达到 85%以上，死亡率达 70%以上；经鉴定为荧光假单胞菌感染所致，病理损伤主要集中在肾、肝、胃肠道及皮肤肌肉，其中主要以肾、肝的病变最为明显，胰腺、肺、脑组织未见明显病理变化。所有患病个体均不同程度出现肾小球肾炎，坏死性肝炎和胃肠炎。

恶臭假单胞菌（*Pseudomonas fluorescens*）也是引起中国大鲵疾病的一种条件致病菌。其可导致中国大鲵的皮肤大面积溃烂，并出现成片白色水霉。肝脏表面有米粒大小的灰白色坏死灶，脾脏略肿大，从十二指肠到泄殖腔均有条索状出血。赵虎等在 2008 年陕西中国大鲵养殖场对 1 尾病死的成年中国大鲵进行剖检，从肝脏、脾脏、心脏、血液和体组织取样进行细菌学检验，分离纯化菌株，通过生理生化鉴定，确定该菌株为恶臭假单胞菌。但恶臭假单胞菌对于中国大鲵的致病机制以及该菌的生物特性方面的研究目前尚无报道，需进一步探究。

3. 防治措施

目前，对于假单胞菌感染所致的中国大鲵疾病的药物治疗研究基础还较为薄弱，对同一疾病的治疗模式也不够完善。通常是在发病后进行隔离、消毒处理，用高锰酸钾进行全场消毒，随后针对中国大鲵采用药物治疗。杜宗君等对分离病鲵得到的荧光假单胞菌进行药敏试验表明，该菌株对多西环素和新生霉素高度敏感，对恩诺沙星、庆大霉素、丁胺卡那和氟苯尼考耐药。王高学等试验表明用 10 g/kg 的“鱼病康-I”拌料饲喂对发病较轻者治愈率达 90%以上。利用药敏试验研究该菌发现，其对舒普深（头孢哌呱酮舒巴坦）、诺氟沙星、呋喃妥因等敏感。贺路等提出用氯霉素、链霉素或庆大霉素浸泡或注射可有效治疗假单胞菌所引起的中国大鲵疾病。在病鲵分离得到的菌株进行实验时，发现其对头孢他啶、阿米卡星、新霉素、多黏菌素、头孢曲松表现为高度敏感；而对氨苄西林、多西环素、庆大霉素等 27 种抗生素耐药；中药抑菌试验中连翘、苦参、甘草、鱼腥草、黄连、黄芩、老鹤草对该菌株具有较强抑菌活性。

### 6.2.5 弗氏柠檬酸杆菌感染对中国大鲵的影响

1. 弗氏柠檬酸杆菌对中国大鲵表型的影响

弗氏柠檬酸杆菌（*Citrobacterfreundii*）属于肠杆菌科（Enterobacteriaceae）柠檬酸杆菌属（*Citrobacter*），普遍存在于土壤、酸性温泉、放射性废物、水和地壳深处，可在植物和动物的活体中生长，可感染人和动物，引起腹泻、食物中毒和继发感染，是一种典型的人-兽-鱼共患病条件性致病菌。弗氏柠檬酸杆菌对水生动物的致病性报道较多。1982 年，Sato 等从皮肤腐烂、出血的翻车鲀（*Molamola*）体内分离到弗氏柠檬酸杆菌。随后，又有关于弗氏柠檬杆菌引起鲟（*Acipenser schrenckii*）、花鳗鲡（*Anguilla marmorata*）等发病死亡的报道。2001 年，有研究报道了弗氏柠檬酸杆菌可引起河蟹（*Eriocheir sinensis H.*）败血症，也可引起红螯螯虾（*Cherax quadricarinatus*）、中华鳖（*Trionyxsinensis*）、克氏原螯虾（*Procambarus clarkii*）等患病。由于该菌对抗生素的敏感性因宿主来源而异。

已有研究表明，病鲵肝脏中分离出弗氏柠檬酸杆菌，通过人工感染实验发现该菌株有较强的致病性。以 $10^8$ CFU/mL 的细菌注射量在试验期间可导致青蛙和中国大鲵出现 100%的致死率，且人工感染症状与自然发病症状一致，即腹部肿大，表皮腐烂，食欲不振，行动迟缓，表明弗氏柠檬酸杆菌是引起中国大鲵患病的致病菌，其致病性较强。另外，高正勇等的研究也发现弗氏柠檬酸杆菌感染对中国大鲵皮肤、生长等表型具有显著影响。弗氏柠檬酸杆菌在致病性方面存在差异的原因，可能与菌株的来源不同有关，同时也可能与各自的研究方法、受试动物以及感染方式不同相关。

2. 中国大鲵源弗氏柠檬酸杆菌理化性质分析

弗氏柠檬酸杆菌属肠杆菌科枸橼酸杆菌属（*Citrobacter*）是分布范围较广的条件致病菌，可引起多种水产、畜牧动物以及人类患病。长期以来，为防御以及治疗弗氏柠檬酸杆菌所引起的多种疾病，抗生素被广泛使用。但这些抗生素的使用，并没有充分合理的科学依据，只是为了治愈当下疾病，忽略了其长期使用所产生的危害，而且，目前应用于水产以及畜牧动物的抗生素已包括了人类自身使用的所有抗生素种类。然而，任何抗生素的使用都会产生一定的不良反应，只是程度大小不同。首先，抗生素长期使用会对机体内脏器官产生损害；其次，抗生素的长期使用，可能导致双重感染，在某种程度上会掩盖患病动物的病情症状；再次，产生耐药性，有研究发现，一种新的抗生素的产生需要至少 10 年时间，但是细菌耐药性的产生时间只有不到 2 年，新药物的研制速度远远赶不上细菌耐药性产生的速度。因此，对中国大鲵源弗氏柠檬酸杆菌的理化性质进行分析，有利于指导抗生素的合理利用，为中国大鲵乃至整个水产动物的病害防治提供有力的理论依据。

研究表明，根据对病鲵致病菌弗氏梓檬酸杆菌的耐药性分析发现，用理论上可以抑制该细菌的抗生素进行药物敏感实验，但抑制效果并不理想。只有少数硝基呋喃类抗生素、多肽素类抗生素以及氨基糖苦类抗生素可以抑制该菌生长。对已经广泛应用且可抑制该菌的 β-内酰胺类抗生素（包括头孢菌素类抗生素以及青霉素类）却产生了很强的耐药性。虽然该病原菌对头孢呢酮有中度敏感性，但很大程度上是由于头孢呢酮为第三代头孢菌素，其产生是在前两代头孢菌素的分子结构基础上演变而来，抗菌谱更为广泛，有更强的抗菌效应，对细菌的 β-内酰胺酶更稳定。而其他抗生素，包括林可霉素类抗生素、喹诺酮类抗生素、四环素类抗生素、大环内酯类抗生素、磺胺类抗生素同样对病原菌无抑制作用。这类现象的产生，很大一部分原因是生产过程中抗生素的不合理利用。

现阶段，应用于人类的全部抗生素均被应用于水产、畜牧养殖动物的病害防治中，有的甚至利用抗生素来促进动物快速生长，这些均会使许多细菌产生耐药性，有的细菌更是产生了多重耐药性，此类现象的发生更加不利于动物病害防治的进行。同时，食源耐药性菌株的产生有可能使耐药性菌株通过食物链传染人类，危害人类健康，严重情况下会威胁人类生命安全。抗生素兴起于二十世纪 40 年代，迄今为止已有上百种，但其更新速度很慢，近 10 年才能产生新的抗生素，然而，细菌耐药性的产生只需要 2 年。种种迹象表明，抗生素的使用需要有科学的指导，滥用抗生素会产生严重的后果，如何正确使用抗生素这一问题急需解决。

3. 中草药对弗氏柠檬酸杆菌的影响

在中国大鲵病害防治研究过程中，对药物选择的标准有：第一，可以抑制病原体的生长，以减少病原体数量，防止病情恶化；第二，杀死病原菌，有效治愈病貌。第三，促进中国大鲵正常的生理代谢，恢复其机体机能，加强中国大鲵的防御功能，提高抗病抗感染的能力。实践证明，对中草药正确的选择与应用，可以达到以上标准，并且中草药价格低，储量丰富，来源广泛，无毒副作用，因此，在大鲵病害防治的应用中有广阔的前景。

依照病鲵临床症状（腹部肿大，行动迟缓，不摄食，内脏组织轻度糜烂），同时参照中草药相关文献，选取 45 种中草药对病鲵的致病菌弗氏柠檬酸杆菌进行体外抑菌研究，所选取的中草药的功能主要有：消炎止痛，清热解表，凉血消痈，清热燥湿，收敛固涩等功效。中草药体外抑菌实验结果表明：不同中草药对细菌的抑制作用不同，有相似功效的中草药对弗氏柠檬酸杆菌的抑制效果不同，同时，并非所有中草药都能抑制弗氏柠檬酸杆菌。其中，五味子与乌梅抑菌效果最好，柴胡、女贞子等 23 种中草药对弗氏柠檬酸杆菌有一定的抑菌作用，泽兰等 20 种中草药则无抑菌作用。中草药采集地点不同，菌株及菌株来源不同，对中草药的敏感性也不同。另外，王锦文等发现五味子沸水提取物对金黄色葡萄球菌的最小抑菌浓度为 100 mg/mL，杨移斌等发现乌梅对弗氏梓檬酸杆菌的 MIC 及 MBC 分别为 7.81 mg/mL、15.62 mg/mL。这些差异的原因可能与菌株来源及中草药采集地点不同有关。

已有研究发现中草药的抑菌效果与其所含有的抑菌成分密不可分。其中，五味子中含有多糖类物质及木脂素，可逆转肿瘤细胞的多药耐药性；乌梅的抑菌成分为其所含的有机酸；柴胡的抑菌成分为柴胡皂苷及挥发油等；女贞子所含的齐墩果酸有广谱抗菌作用，对金黄色葡萄球菌、弗氏痢疾杆菌等均有抑菌作用。因此，五味子等抑菌效果较好的 4 味中草药抑菌机制与其中所含的抑菌成分有很大关系。

## 6.3 病毒性感染对中国大鲵的影响分析

### 6.3.1 养殖环境与中国大鲵病毒性感染的关联分析

中国人工养殖中国大鲵已有三十多年的历史，有工厂化养殖、成片个体户养殖和人工驯养等多种形式，在陕西、湖南、湖北、浙江、广东等省都形成一定规模。随着中国大鲵人工繁育技术的发展，其养殖规模逐渐扩大，2006 年中国大鲵的繁殖数量就已超过 20 万尾，专业养殖中国大鲵的单位已超过 500 家。但是，由于养殖密度的不断增加和生活环境的人为改变，中国大鲵的病害日益增多。近几年来，有些养殖场的中国大鲵出现不明原因的死亡。患病中国大鲵的临床症状各有不同，比较常见的是体表溃疡，特别是肢体远端溃烂，但用抗生素很难控制。给生产上造成惨重的经济损失，严重制约了中国大鲵人工养殖业的发展。

该病在美洲、亚洲、大洋洲、欧洲都有流行，中国也有较多的报道，通常温度高时较为严重。之所以引起重视，是因为这些病毒对两栖类动物威胁极大，两栖类所有的成员都被认为是敏感的。不仅影响到养殖业的发展，而且能影响野生种群，在美洲和澳洲甚至导致一些野生群体灭绝。急性死亡的两栖类通常没有外部病变。而慢性疾病则以皮肤溃疡和远端肢体坏死为特征。但用控制细菌病的方法治疗无效。突然发生两栖类高死亡率并伴随皮肤溃疡和/或远端肢体坏死的慢性病迹象就能初步提示有病毒感染。

### 6.3.2 中国大鲵常见的病毒性疾病分析

中国大鲵病毒性感染通常引起出血症状和远端溃疡。目前报道的感染中国大鲵的病毒只有一种；尽管命名上尚未统一，有中国大鲵病毒（Chinese giant salamander virus，CGSV），中国大鲵虹彩病毒（*Andrias davidianus* iridovirus，ADIV），中国大鲵虹彩病毒（Chinese giant salamander iridovirus，GSIV）和中国大鲵蛙病毒（*Andrias davidianus ranavirus*，ADRV）等提法，其实质上都是蛙病毒科的虹彩病毒，一般以 GSIV 称呼最为常见。中国大鲵虹彩病毒对幼年中国大鲵和成年中国大鲵都具有感染性，极易爆发养殖中国大鲵大规模死亡。2009 年以来，在河南、甘肃、四川等地都分离到了感染中国大鲵的病毒，但未确定感染中国大鲵的是何种病毒。在能准确分离导致中国大鲵患病病毒的基础上，曾令兵团队与的肖汉兵团队合作，利用实验室先进的仪器设备与鱼类细胞系资源对患病鱼体内分离的病毒感染细胞培养物进行培养，在患病的幼年中国大鲵与成年中国大鲵体内分离得到了病毒。经过测序与比对分析，初步将此病毒认定为中国大鲵虹彩病毒。这是世界上第一次从患有典型非细菌性出血病的幼年中国大鲵与成年中国大鲵体内分离得到中国大鲵虹彩病毒，这为今后研究中国大鲵虹彩病毒奠定了重要基础，关于中国大鲵虹彩病毒各个方面的研究也由此展开。

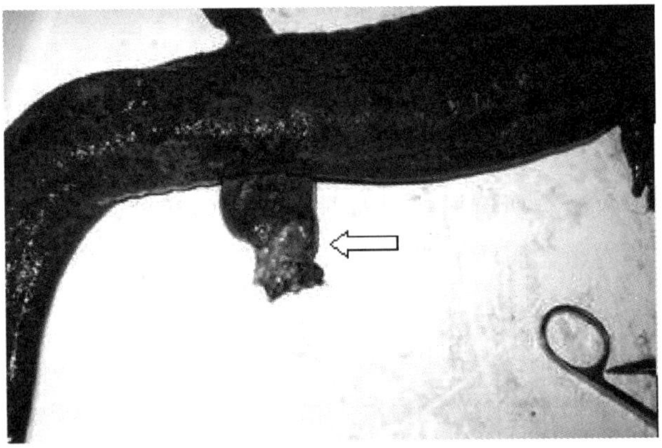

图 6-1　患病中国大鲵示后肢远端溃烂

### 6.3.3　虹彩病毒生物学特性

1. 病毒种属特性

综合研究中国大鲵虹彩病毒的生物学特性可为研究中国大鲵虹彩病毒病的防控技术提供较为充分的科学理论依据。虹彩病毒科（Iridoviridae）病毒是一类大型的胞质型双链 DNA 病毒，该科共包含虹彩病毒属

（*Iridovirus*）、淋巴囊肿病毒属（*Lymphocystivirus*）、肿大细胞病毒属（Megalocytivirus）、绿虹彩病毒属（Chloriridovirus）和蛙病毒属（Ranavirus）5 个属，其中的蛙病毒属病毒可感染两栖类动物。虽然不同种属的虹彩病毒形态特征相似，但由于宿主类型不同，其自身大小会随之表现出很大差异，如同属于虹彩病毒的淋巴囊肿病毒，随感染宿主和环境的不同，病毒粒子的直径范围可在 120 ~ 350 nm 之间变动。中国大鲵虹彩病毒（GSIV），隶属于虹彩病毒科蛙病毒属。

近几年来，蛙病毒已经逐渐引起了人们对它的重视。世界动物卫生组织已于 2009 年正式将“蛙病毒感染”列入必须报告的水生动物疫病名录，以期对该病进行有效的控制。而世界动物组织对该病的定义为：“两栖类动物感染了虹彩病毒科蛙病毒属中除 EHNV 外的任何成员就称作蛙病毒感染”。

2. GSIV 病毒颗粒结构

GSIV 粒子直径约 150 nm，平面观察呈六角形，正二十面体对称结构，外周具囊膜；向内依次为对角直径（150±5）nm（N=30）、厚 5 nm 的核衣壳及直径（98±18）nm（N=27）的核心体。在纯化病毒负染电镜图中，可观察到 CGSIV 呈球形，病毒颗粒外周有一圈电子密度很高的结构，为其囊膜；有的病毒颗粒则没有，应该是在纯化过程中丢失。病毒颗粒的直径约 150 nm。感染鲤鱼上皮瘤细胞（EPC）细胞的超薄切片像显示，在受感染细胞的胞质中，可见到大量呈晶格状排列的病毒颗粒。病毒颗粒外面电子密度较低的部分，为病毒的衣壳，呈正六边形，中间电子密度高的部分为其核心体。衣壳对角直径为（150±5）nm（N=30），衣壳厚度约 5 nm。核心直径为（98±18）nm（N=27）。衣壳和核心体之间的非电子致密区厚度约为 17 nm。在确诊感染病毒的病鲵肺、肾的病变组织超微切片中可见到聚集或分散的病毒颗粒。病毒颗粒呈正六边形，直径在 148 ~ 151 nm 之间。病毒颗粒的结构特征和感染 EPC 细胞超薄切片观察的结果相同，可见到病毒颗粒外有衣壳包绕，衣壳电子密度较低，病毒核心电子密度较高，部分病毒仅有衣壳而无核心，呈空心颗粒。

3. GSIV 在 EPC 细胞中的生长曲线

以 10 个感染复数（MOI）的中国大鲵虹彩病毒接种 EPC 细胞后可以在接种的不同阶段观察到病毒吸附、脱壳进入 EPC 细胞，在细胞核中开始复制。感染后，病毒产生的 log 阶段增加是大约在隐蔽期的 6 h 之后。病毒产量在 48 ~ 72 hpi（h post inoculation，接种后小时数）之间达到高峰（图 6-2）。GSIV 的一步生长类似于病毒在体外的复制。

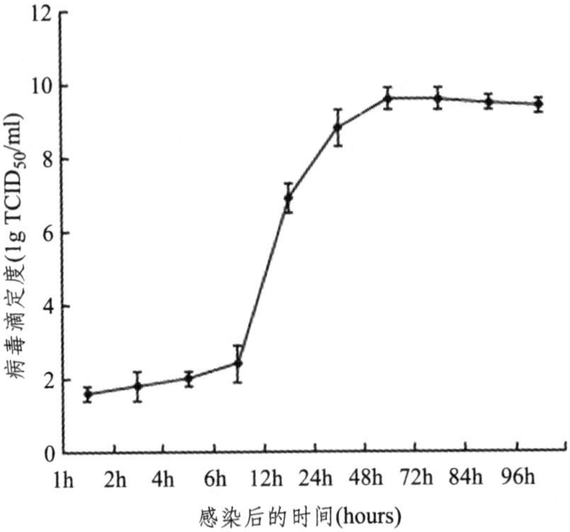


图 6-2　GSIV 在 EPC 细胞中的生长曲线。

4. GSIV 进入 EPC 细胞

GSIV 在 EPC 细胞内的形态发生过程包括病毒进入 EPC 细胞、病毒组分在细胞核内复制、病毒在细胞质内聚集和组装以及病毒出芽释放四个步骤。GSIV 复制过程中的这些步骤是连续的。GSIV 进入 EPC 细胞。1 hpi 时，GSIV 后通过内吞或融合进入 EPC 细胞吸附在细胞膜上。电子显微图并对感染 GSIV 的 EPC 细胞进行固定 1 小时后立即露出信封，赤裸病毒粒子和没有病毒类核的空衣壳吸附在细胞膜上或接近被涂布坑。病毒包膜之间的融合细胞膜在 1 hpi 时出现。后来，在细胞深处发现了 GSIV 病毒粒子。

5. 病毒成分的复制及组装

脱壳后，病毒核心被释放并运输到宿主细胞核，随后在细胞核中合成病毒组分。病毒在细胞质中的组装始于新合成的病毒 DNA 进入细胞质。在病毒复制过程中，在细胞质中观察到病毒自我组装的不同阶段。在病毒感染的细胞中，在细胞核附近检测到一个轻微的低电子密度病毒装配区。超微结构观察发现 GSIV 在病毒基质中组装，在组装的不同阶段包含大量的病毒颗粒，包括部分形成的衣壳、空衣壳、部分核心衣壳和完全成熟的核衣壳。肿胀和空线粒体在病毒基质周围检测到。接种 6 hpi 后，在感染细胞的细胞质中可见大量密集分散的病毒粒子。

6. 细胞损伤

在感染的后期，大部分病毒粒子留在细胞内，仅在感染细胞裂解后释放。细胞损伤表现为空泡化、线粒体肿胀空化和核溶解。一些受感染的细胞完全裂解在 24 至 48 hpi 之间观察到病毒颗粒和细胞碎片的聚集。

7. GSIV 对环境敏感性

通过在不同温度下将中国大鲵虹彩病毒置于 BF-2（蓝鳃太阳鱼细胞）、CO（草鱼卵巢细胞）、CHSE（鲑囊胚细胞）、CLC（鲤白细胞）、FHM（胖头鳒肌肉细胞）等 11 个细胞系培养，发现病毒在 10 ~ 30℃能够在 BF-2、CO、CHSE、FHM 等细胞中较好地生长且当温度维持在 25 ~ 30℃病毒生长最快。GSIV 经热、酸（pH3）、碱（pH10）、有机溶剂（氯仿、乙醚）、胰蛋白酶及 DNA 抑制剂 FUDR 处理，囊膜及粒子完整性均被破坏，感染能力大幅下降或完全丧失，病毒滴度（TCID）下降极大。经反复冻融处理，GSIV 囊膜结构被破坏，但依然具有很强的感染能力，冻融次数对 GSIV 滴度的影响不显著（表 6-1）。该病毒在鲤鱼上皮瘤细胞系（Epithelioma papilloma eyprini，EPC）、斑点叉尾鮰肾脏细胞系（Channel catfish kidney，CCK）、虹鳟鱼性腺细胞系（Rainbow trout gonadal，RTG-2）等细胞中增殖，在 EPC、CCK 细胞中增殖的速度快。在使用多种终浓度的 β-丙内酯（β-propiolactone，BPL）灭活细胞用以培养中国大鲵虹彩病毒，试验发现在 4℃下当中国大鲵虹彩病毒在终浓度为 0.1%的 BPL 中灭活 72 h，该病毒能被完全灭活，这是中国大鲵虹彩病毒疫苗能够用研制的重要的生物学基础。另外，中国大鲵虹彩病毒在感染中国大鲵后能使得主要组织相容性复合体基因的表达显著变化，主要组织相容性复合体在抗中国大鲵虹彩病毒的感染中可发挥重要的作用。通过凝胶电泳分析比较正常中国大鲵和感染病毒中国大鲵的血清和黏液蛋白，发现中国大鲵虹彩病毒感染后中国大鲵血清和黏液蛋白组分会出现变化。

表 6-1　病毒对各种理化因子的敏感性

| 处理方式 | 对照组/（$TCID_{50}$/100 μL） | 处理组/（$TCID_{50}$/100 μL） |
|---|---|---|
| 氯仿 | $10^{6.5}$ | $10^{0}$ |
| 56℃，30 min | $10^{6.5}$ | $10^{0}$ |
| pH3，60 min | $10^{6.5}$ | $10^{0}$ |
| pH10，60 min | $10^{6.5}$ | $10^{0}$ |
| FUDR（2101001） | $10^{6.5}$ | $10^{3.0}$ |
| FUDR（EHNV） | $10^{6.0}$ | $10^{3.0}$ |
| FUDR（IPNV） | $10^{7.2}$ | $10^{7.0}$ |

### 6.3.4　虹彩病毒分子生物学特性

1. 主要衣壳蛋白（MCP）基因克隆

把病毒悬液按常规方法抽提核酸，根据已知的蛙病毒主要衣壳蛋白（MCP）基因的保守序列设计引物用于 PCR 扩增。PCR 实验能得到预期的 413bp 片段。同时用该对引物在其他的蛙病毒如 EHNV 和甲鱼虹彩病毒 9701 上进行 PCR 扩增，也可以得到相同长度的特异性片段。而用特异性扩增 SVC、VHSV、IHNV 和 ISKNV 的引物同时对该病毒核酸制备物进行 PCR 扩增，均得不到相应的 DNA 扩增片段。将扩增的 DNA 片段测序结果与已知的蛙病毒属成员 THRV（*Testudo hermanni ranavirus*）、虎纹钝口螈病毒（*Ambystoma tigrinum virus*，ATV）、BIV（*Bohle iridovirus*）、蛙病毒 3( *Frogvirustype3 , FV3* )、REIV( *Ranaescul entairido virus* )、STIV、虎纹蛙病毒（*Tiger frog virus*，TFV）和虹彩病毒科巨大细胞病毒属的成员 ISKNV 的主要衣壳蛋白基因的相应片段比较的结果见表 6-2。

表 6-2　分离株和其他虹彩病毒 MCP 基因片段序列的比较（%）

| | | | | | | | | | |
|---|---|---|---|---|---|---|---|---|---|
| THRV | 100% | | | | | | | | |
| ADIV | 98.5% | 100% | | | | | | | |
| ATV | 98.3% | 97.8% | 100% | | | | | | |
| BIV | 98.0% | 96.6% | 96.8% | 100% | | | | | |
| FV3 | 98.3% | 96.8% | 96.6% | 99.3% | 100% | | | | |
| REIV | 99.8% | 98.3% | 98.0% | 97.8% | 98.0% | 100% | | | |
| STIV | 98.5% | 97.1% | 96.8% | 99.5% | 99.8% | 98.3% | 100% | | |
| TFV | 97.6% | 96.1% | 96.3% | 98.0% | 98.3% | 97.3% | 98.5% | 100% | |
| ISKNV | 54.6% | 55.7% | 54.9% | 54.1% | 54.6% | 54.3% | 54.3% | 54.1% | 100% |
| | THRV | ADIV | ATV | BIV | FV3 | REIV | STIV | TFV | ISKNV |

2. 基因组特征

对分离到的感染中国大鲵虹彩病毒进行了全基因序列的测定，发现该病毒全长为 106 719 个碱基，G-C 含量为 55.04%，有 101 个开放阅读框，编码具有分配给结构蛋白的保守结构域蛋白，以及可能参与复制、转录和宿主响应修饰的蛋白，编码的蛋白质大小范围从 44 到 1294 个氨基酸。根据与其他特征蛋白序列的同源性，鉴定出 26 个虹膜病毒核心基因、24 个 ranvirus 特异基因和 11 个两栖类亚群特异基因，还有 40 个未知的潜在基因。与其他蛙病毒属的病毒进行比较，这 101 个开放阅读框中仅有 6 个不能进行同源性注释，但在数据库中没有发现与其他已知蛋白质有显著相似之处。这些蛋白是否在虹彩病毒感染过程中真正表达和发挥作用仍有待研究。对于 95 个预测的蛙病毒属蛋白，很容易在其他蛙病毒属基因组中发现同源性，同源性在 77%到 100%之间。ADRV 基因组大小为 106，734 bp，包含 101 个潜在的开放阅读框（ORFs）。ADRV 基因组包含 26 个虹膜病毒核心基因、24 个 ranavirus 特异性基因、11 个两栖类亚群特异性基因和 40 个其他基因。

3. ADRV 与其他虹彩病毒的系统发育关系

基于从 20 个完整测序的虹彩病毒的 26 个病毒核心基因的连接蛋白序列，构建了系统进化树。进化树表明 ADRV 与虹彩病毒科（Iridoviridae）蛙病毒属（*Ranavirus*）成员紧密聚集，与淋巴囊病毒属（*Lymphocystivirus*）、肿大细胞病毒属（*Megalocytivirus*）、绿虹彩病毒属（*Chloriridovirus*））和虹彩病毒属（*Iridovirus*）成员距离较远。还观察到，蛙病毒属（*Ranavirus*）的蛙病毒成员可分为两个亚组：两栖动物亚组包括 ADRV、CMTV、RGV、FV3、TFV 和 ATV，鱼亚组包括 EHNV、ESV、GIV 和 SGIV。和 ATV，一种蝾螈（有尾目）蛙病毒相比，ADRV 与 CMTV、RGVFV3 和 TFV 等蛙类（无尾目类动物）蛙病毒的关系更密切。

4. 基因组序列比较

对 ADRV 和其他蛙病毒的基因组结构和注释基因进行比较，发现 CMTV 中 6 个基因（ADRV 中 *7R*，*15L*，*41L*，*49L*，*57R* 和 *81R*）显著缺失，尽管他们具有完全的共线性，但是只有一个基因缺失（ADRV 中的 *25L*）在 RGV 中找到。再者，从 CMTV 基因组中检测到两个插入片段，其中一个 765 bp 的片段插入到相应的 ADRV ORF *40R* 的 40792 和 40793 之间的位置，另一个 879bp 的片段插入 ADRVORF*42R* 和 *43L* 之间的 42127 ~ 42128 位置。在 RGV、FV3、TFV 和 ATV 基因组的相应位置也观察到后者的插入片段，大小分别为 760 bp、757 bp、750 bp 和 750 bp 而前一个片段仅在 ATV 基因组中发现，另一个片段 1643bp 插入 ATV 基因组对应位置 ADRV ORF *85L* 的 87890 ~ 87891 位置。

统计分析表明 ADRV 在 RGV、FV3、CMTV、TFV 和 ATV 中分别含有 99%、97%、94%、93%和 85%的同源基因。由于这些缺失/插入，一些基因发现被发现存在于某些种类的蛙病毒中。例如，49L 只存在于 ADRV 和 RGV，ADRV、RGV 和 FV3 中的 *7R* 和 *57R*，ADRV、RGV、FV3 和 TFV 中的 *15L*、*41L* 和 *81R*，ADRV、RGV、CMTV 和 FV3 的 *75L* 和 *76R*、ADRV、CMTV、TFV 和 ATV 的 *25L*。

5. 病原体毒力和种敏感性主要基因鉴定

ADRV 与其他蛙病毒的基因注释和比较分析显示，这些蛙病毒中存在多个高度可变且功能显著的基因，可能与病原体毒力和物种易感性有关。例如，在 ADRV 和 RGV 中发现两个重复的基因编码 US22 家庭式的蛋白，而只有一个同系物在 CMTV、FV3 和 TFV 观察到。ADRV *6R* 的推测氨基酸序列与 ADRV *49L*、RGV *106R* 和 RGV *6R* 同源性分别为 42%、47%和 79%，表明这两个重复的基因在 ADRV 中已经高度多样化。另一个病毒致病机制和毒力相关基因 *vIF2α*，即真核翻译起始因子 2α（*eIF2α*）的同源基因，也被发现在 ADRV 和其他蛙病毒中具有高度的变异性。*vIF2α* 的氨基端 PKR 结合结构域（S1）和中央螺旋结构域（HD）在 ADRV *84L*、TFV *27R*、ATV *57R* 和 CMTV *81L* 中高度保守，而在 RGV *28R* 和 FV *326R* 中完全缺失，只有 69 和 76 个 C 端结构域（CTD）在 RGV 和 FV3 的 *vIF2α* 中保留。此外，这些 *vIF2α* 的 C 端区域是可变的，这导致了它们的大小和一致性的差异，其中 RGV *28R* 和 FV *326R* 与 ADRV *84L* 的相似度分别只有 16%和 13%。这些有明显变化的基因可在削弱或改变宿主抗病力、增强病毒致病性以及跨种传播中起关键作用。

### 6.3.5 虹彩病毒流行病学分析

中国大鲵虹彩病毒病是目前唯一的中国大鲵病毒病，具有高传染性和致死率高的特点。从 2009 起，陆续出现了中国大鲵病毒性疾病暴发的报道。至今，许多科研工作者在甘肃与陕西、四川、河南、湖北、湖南和浙江等地均分离到了与蛙病毒高度类似的虹彩病毒。感染该病毒的中国大鲵以皮肤出现白点、出血斑、溃疡，四肢肿胀，溃烂和头部肿胀为主要症状，发病后具有极高的死亡率，幼年中国大鲵感染后症状更为显著。该病毒主要在肝、脾和肾中繁殖，在部分传代细胞系上也能很好的复制。利用电子显微镜可以在机体内观察到直径 130 ~ 180 nm 的病毒颗粒。针对蛙病毒主要衣壳蛋白（MCP）基因设计引物测序后，可发现该病毒与其他几种蛙病毒属成员的 MCP 基因相似性在 96%以上。

通过疾病症状和组织病理学改变分析，大体检查揭示了一致的综合征患病的中国大鲵，包括全身性出血任何内部或外部组织肿胀。如图 6-3 所示，患病的中国大鲵显示眼眶充血水肿（图 6-3A）、口腔黏膜瘀斑（图 6-3B）、皮肤糜烂和溃疡（图 6-3C）以及体表大面积出血。解剖观察显示肝脏和脾脏充血和肿胀，肾、肺、肠和膀胱的瘀斑和紫色瘀斑（图 6-3D）。

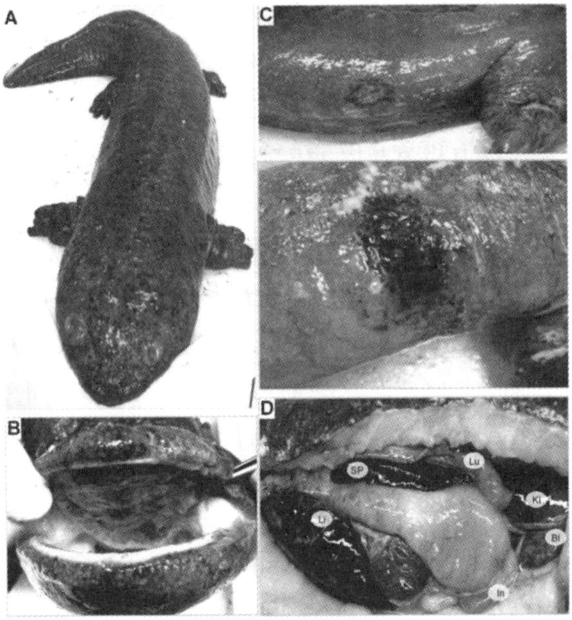


图 6-3　中国大鲵患虹彩病毒病的主要症状

### 6.3.6　中国大鲵虹彩病毒的诊断

近年来，各研究员与实验室针对中国大鲵虹彩病毒建立了多种能有效地检测中国大鲵虹彩病毒的检测方法，并在这些方法上提出了相应的优化方案。

1. 解剖观察

中国大鲵感染虹彩病毒的病理特征主要表现为中国大鲵食欲降低，体表分泌大量黏液，活动量减少，待在池底时间增长，通常感染 5 ~ 10 天内中国大鲵死亡。

主要器官呈现如下病症：① 中国大鲵头部、四肢及尾部初期出现肿大并伴有血斑，后期有严重的肿胀及溃烂现象；② 腹部膨大且伴有出血或充血现象，随着感染时间的加长，腹部、下颌有大量出血点；③ 皮肤、肌肉会出现溃烂。

对患病中国大鲵进行解剖观察，可见患病中国大鲵脾、肾肿大伴有淤血以及斑点状出血，肝肿胀且呈灰白色或有点状出血，肠壁变薄，肠腔内可见淡黄色积液，利用光镜观察，患病中国大鲵的组织器官有多种炎症反应，利用电镜观察，患病中国大鲵的肝、脾、肾组织细胞发生明显病变。将患病中国大鲵的肝、肾、脾等部位做成超薄切片，进行了电子显微镜的观察，电镜下可见不同时期的虹彩病毒样颗粒。

2. PCR 检测技术

目前，已建立了针对中国大鲵虹彩病毒的 PCR 方法，并利用该方法分别对接种 EPC 细胞的培养物和病鲵组织进行扩增，发现细胞培养物的 PCR 检测结果阳性率要高于组织样品的检测进行普通 PCR 扩增。周勇等构建中国大鲵虹彩病毒 MCP 基因重组质粒后建立了 TaqMan 实时荧光定量 PCR 方法，以其 10 倍梯度稀释为标准模板进行 TaqMan 实时荧光定量 PCR 扩增，通过制作曲线实现定性检测的目的。该方法对中国大鲵虹彩病毒的检测特异性高，可检测灵敏度为 10 个病毒核酸分子拷贝（约 $1.1\times10^{-3}$pg/μL 病毒核酸）。TaqMan 实时荧光定量 PCR 检测方法可准确快速地检测到中国大鲵虹彩病毒，具有较高的特异性，但在技术操作与仪器设备上有比较高的要求。另外，有研究者在实时荧光定量 PCR 检测方法上做出进一步完善，设计了中国大鲵虹彩病毒的 49L 名为 US22 家族基因的 ORF 区的引物，然后通过 PCR 扩增，此方法在检测上有可重复、可通过血液检测的方式实现活体监测等优点。同时，通过参照 GenBank 对中国大鲵虹彩病毒的 MCP 基因序列设计特异性引物，建立巢式 PCR 检测方法。与 TaqMan 实时荧光定量 PCR 测定相比，巢式 PCR 检测法不需要昂贵的仪器设备，如荧光定量 PCR 等，只需普通 PCR 即可完成检测，降低费用的同时也更适用于大批量样品检测，更适用于中国大鲵虹彩病毒的防控阶段。王芳等建立了套式 PCR 法用以检测中国大鲵虹彩病毒并在此基础上进行优化，在临床试验中达到了较好的效果，可以用于大范围的中国大鲵虹彩病毒检测和隐形感染检测。

3. 环介导等温扩增（LAMP）技术

随着环介导等温扩增（LAMP）技术的发展，利用该技术耗时短、灵敏度高、对设备要求低的特点建立新型诊断方法成为了研究中国大鲵虹彩病毒诊断技术的热点。目前，建立了基于 LAMP 技术的针对包括中国大鲵虹彩病毒在内的蛙病毒属病毒的检测方法，该方法在提取病毒核酸后仅需在 63℃下作用 60 min 即可观察结果，利用该方法可以检测 100 个拷贝的 DNA 样品，肉眼即可判定结果。Meng 等针对中国大鲵虹彩病毒 MCP 基因设计引物，建立了 LAMP 方法对病鲵组织和细胞培养物进行检测。利用此方法制作出能在一个小时内能准确检测样品中是否存在中国大鲵虹彩病毒的检测试剂盒，结果显示该方法是巢式 PCR 灵敏度的 10 倍（如图 6-4 所示），可检测 0.01 pg/μL 的样品。所用引物如下表所示。LAMP 检测法最大的优势在于不依赖于昂贵的专业检测设备，不需要具备专业技能的人员，就能在疾病现场进行快速诊断。应用商品化试剂盒，仅需一个水浴锅或金属浴即可在 1 小时内准确检测出样品中是否存在中国大鲵虹彩病毒感染，其检测限达到 10 飞克病毒核酸，适用于中国大鲵虹彩病毒的现场快速检测，使得不具备专业技能的养殖户也能在养殖现场进行快速诊断患病中国大鲵。

表 6-3　LAMP 引物用于检测 STIVMCP 基因

| 引物名称 | 基因组位置 | 序列 5‘-3’ |
|---|---|---|
| RV-F3 | 751-768 | ATGACCGTCGCCCTCATC |
| RV-B3 | 949-968 | CAGGTGTAATTGGAGCCGAC |
| RV-FIP（F2-F1c） | 835-854/775-793 | TTGACCATGTGGACTGGGGC-TTTTG ACGAGAGACAGGCCATGA |
| RV-BIP（B2-B1c） | 862-882/921-940 | AACGCAACCACCTTCCACACC-TTTT GTGTGACGTTCTGCACCATA |
| RV-LF | 794-811 | TGTCCCTGACTGTGCTGC |
| RV-LB | 883-901 | GACATGCGGTCCTCACACG |

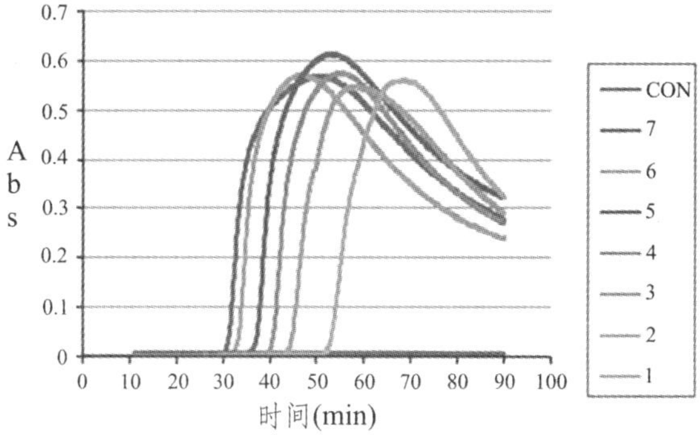


（a）LAMP 的检测限在 101 到 107 拷贝之间

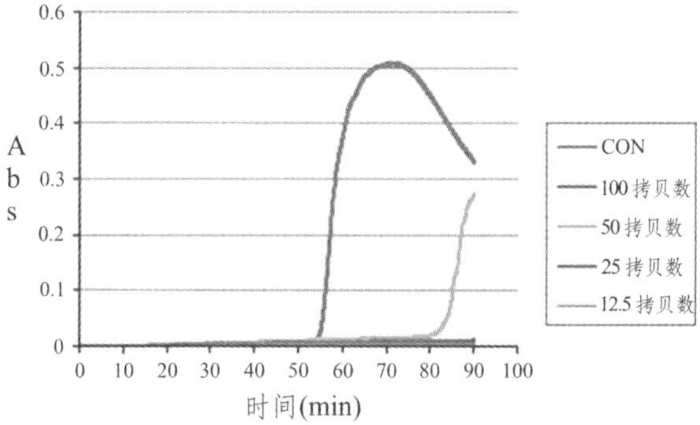


（b）LAMP 的检测限在 10 到 100 拷贝之间

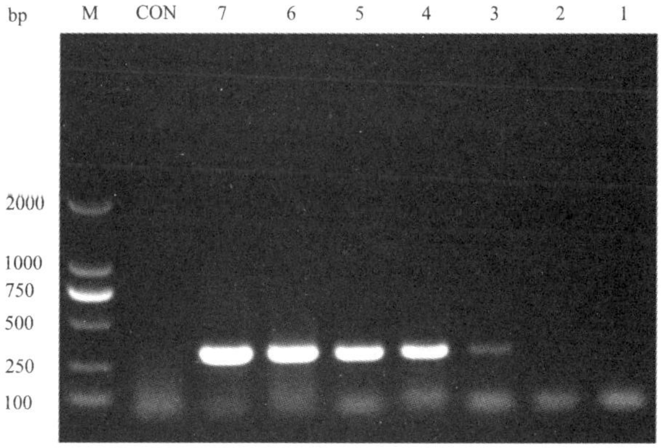


（c）PCR 的检测限为 101～107 拷贝之间

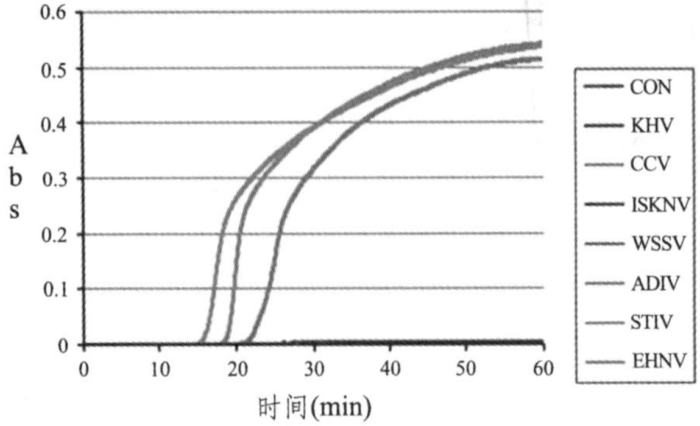


（d）LAMP 分析的交叉反应。M、分子标记；反对的论点，阴性对照；通道 1-7，101 到 107 个重组质粒拷贝

图 6-4　LAMP 法与 PCR 法检测虹彩病毒的检出限比较及 LAMP 法检测虹彩病毒的交叉反应

### 6.3.7　中国大鲵虹彩病毒的防控

引起中国大鲵发病的原因主要有水质变差、中国大鲵机体遭受机械性损伤、中国大鲵种质资源不好等。而对于中国大鲵虹彩病毒病来说，其传播速度及致死速度都很快，致死率能高达 90%以上，并且很难在疾病暴发时用药物控制住，因此预防是避免中国大鲵感染虹彩病毒的关键。

（1）预防要注重中国大鲵苗种健康、选择正规饲料、控制养殖温度与密度、保证水质等。

（2）控制该病大面积扩散最佳方法是及时将患病中国大鲵隔离，并对养殖场、水体及器具进行高锰酸钾消毒。

（3）对患病的中国大鲵使用板蓝根、吗啉胍等药物可以起到缓解病情的效果，但以上药物均无法治愈中国大鲵虹彩病毒病。

（4）对患病的中国大鲵注射虹彩病毒灭活疫苗。

目前来说治疗病毒病最有效的手段是注射疫苗，在确认中国大鲵被虹彩病毒感染后，将患病中国大鲵与健康中国大鲵进行隔离，使用聚维酮碘和高锰酸钾对水体及相关器具消毒，并对患病中国大鲵注射中国大鲵虹彩病毒灭活疫苗和自制的中西药结合抗病毒药物，双管齐下，患病中国大鲵有所好转，使得疫情得到有效控制。孙建滨等制成的 β-丙内酯灭活中国大鲵虹彩病毒疫苗的免疫保护率可达到 83.3%。邓绿洲发现以黄芪多糖为佐剂，可以从一定程度上提升疫苗保护率。牟维豪等利用实时荧光定量核酸扩增检测和病毒滴度测定，用 RNA 干扰中国大鲵虹彩病毒的主要衣壳蛋白及相关酶，发现 RNA 干扰可抑制病毒主要功能基因的表达并影响病毒复制。

由上述报道可知，目前已知的感染中国大鲵的病毒仅有虹彩病毒一种，针对该病毒的基本特性方面的研究已经逐渐铺开。但是，预防和控制该病的研究还需做出努力；如何利用先进的诊断方法完成全面、准确的早期诊断仍然需要探索，还需加紧研制可以广泛使用的中国大鲵虹彩病毒的检测试剂盒；作为预防病毒性疾病的关键，特异性疫苗的研制和应用尚需很长的时间去完成，如何降低疫苗成本、提高疫苗的免疫保护率也需要各大研究机构继续探索；利用免疫学方法加强对患病中国大鲵的治疗也应该成为下一步研究的重点。今后中国大鲵虹彩病毒的研究还应整合多方资源，从根源上减少中国大鲵的感染问题，为中国大鲵养殖业的健康发展创造良好的条件。

## 6.4 寄生虫感染对中国大鲵的影响分析

### 6.4.1 中国大鲵常见的寄生虫疾病

近年来，随着中国大鲵人工驯养繁殖取得成功，中国大鲵人工养殖快速发展，数量明显增加，但由于养殖环境改变，养殖密度增加，以及养殖水体、人工饵料不卫生，导致中国大鲵寄生虫病发病率大幅上升，严重影响了中国大鲵的生存和生长，同时给中国大鲵养殖户带来了巨大的经济损失。中国大鲵寄生虫性疾病主要包括吸虫病、线虫病、车轮虫病、艾美球虫病等。其中，引起中国大鲵患吸虫病的吸虫主要包括：连合平皮吸虫（*Liolopecopulans*）、东方后槽吸虫（*Opisthiolye orientalis*）、椭圆中国大鲵吸虫（*Andritremaelliptia*）、马边鲵居吸虫（*Andrincolamabianensis*）、沐川新鲵居吸虫（*Neoandrincola muchuanensis*）、贵州拟牛头吸虫

（*Bucephalopsis kweiyangensis*）、无棘吸虫（Liolopecopalans）、短肠中肠吸虫（*Mesocoelium branchyenteron Dollfus*）等。线虫病主要由中国大鲵卷尾线虫（*Spironouraandria*）、佛坪卷尾线虫（*S. fopingensis*）、城固卷尾线虫（*S. chengguensis*）、鲤嗜子宫线虫（*Philometra cypini*）、毛细线虫属（*Capillaria*）线虫等感染引起。车轮虫病由车轮虫属（*Trichodina*）的车轮虫寄生引起。艾美球虫病由单细胞寄生虫艾美球虫（*Eimeria*）引起。

### 6.4.2　不同寄生虫感染的影响及防治

1. 吸虫病

该病常见于夏季和秋季，主要由于在人工投喂饵料时，投喂的鱼类本身有线虫，中国大鲵整体咬住后吞食而感染；其次因中国大鲵池换水不及时或不彻底而感染。由于吸虫某阶段虫体可寄生于中国大鲵体表、肠壁黏膜或胃黏膜，患病鲵常表现出体表创伤、黏液增多，体质消瘦，行动呆滞，严重者导致血管、肠道堵塞，并引起胃穿孔。

2. 线虫病

中国大鲵卷尾线虫、佛坪卷尾线虫、城固卷尾线虫主要寄生于中国大鲵小肠、直肠部位；鲤嗜子宫线虫多见于中国大鲵腹部及四肢的皮下组织；毛细线虫多见于成鲵背部、腹部、裙边、四肢、头部等体表处及肠道内。发病初期无明显特征，随后食欲下降，行动迟缓，体质消瘦。感染鲤嗜子宫线虫者皮肤充血、发炎，严重时表皮轻度腐烂，一般于中国大鲵冬眠期感染，3 月上旬随着冬眠期结束，虫体自然消失。感染毛细线虫者皮下伴有白色细丝线状物，严重时，情绪烦躁、四处乱爬并停止摄食。单纯少量线虫感染一般不会引起中国大鲵死亡。

其中，毛细线虫感染较常见。毛细线虫是指虫体细小如丝，像一根线一样盘旋在中国大鲵的体表，主要寄生在躯干部、四肢、腹部、头部等处。用针将虫体挑出，可见虫体乳白色，两端尖细，长者可达 10 厘米以上。毛细线虫除了寄生在中国大鲵体表外，还寄生在肠道内。中国大鲵感染毛细线虫后，不摄食，行动减少，久之变得消瘦。在中国大鲵体表繁殖严重时，虫体会从体表伸出一截出来。因为虫体在中国大鲵肌肉内爬行撕咬，吸取其营养，导致中国大鲵激动、痛苦不安，在池水中打滚，甚至跳出池水，冲撞池壁。若未及时发现中国大鲵的这些症状，久不治疗会导致中国大鲵死亡。

3. 车轮虫病

该病多见于春末夏初，车轮虫主要寄生于中国大鲵幼体的皮肤及鳃部，损伤皮肤和鳃组织。患病鲵鳃丝肿胀充血，黏液增多，体质消瘦，游动迟缓，生长缓慢，然而重症感染可能死亡。

4. 艾美球虫病

该虫可大量寄生于中国大鲵体内。其中，斯氏艾美球虫（*Eimeria stiedai*）寄生于胆管上皮细胞；其余各种均寄生于肠黏膜上皮细胞，肠壁内出现虫卵群集而成的灰白色小结节，病灶周围组织溃烂，肠道内出现灰白色脓液。患病鲵腹部膨大，食欲下降，行动迟缓、乏力。

### 6.4.3 寄生虫性疾病防治

中国大鲵体内的寄生虫主要从饵料生物中而来，经口感染或皮肤接触感染传播。例如：线虫可通过中国大鲵接触、饮用含稚虫的生水或食用含稚虫的鱼类等饵料进入中国大鲵体内；车轮虫则通过直接接触中国大鲵受伤的皮肤感染。针对中国大鲵寄生虫性疾病的防治，可采用加强饲养管理、定期投喂驱虫药物等方法，做到预防为主、防治结合。

1. 寄生虫疾病预防

注意在夏季和秋季加强预防。首先，应对养殖用水及周围环境用高锰酸钾进行消毒，消灭环境中可能存在的寄生虫成虫、幼虫及虫卵；其次，对人工饵料进行消毒，并定期在饵料中添加驱虫药物进行预防性驱虫；另外，应切断传播途径，驱除寄生虫的中间宿主，例如吸虫的中间宿主青蛙、螺、蚌，鲤嗜子宫线虫的中间宿主剑水蚤等；或将作为天然饵料的中间宿主煮熟后人工投喂。

2. 寄生虫性疾病的治疗

1）传统驱虫药治疗

吸虫病：可口服吡喹酮、硝硫氰醚杀虫药物驱除寄生于中国大鲵体内、外寄生吸虫。线虫病：初期可口服甲苯咪唑、丙硫咪唑，后期不进食时，感染毛细线虫的中国大鲵可用注射器针头将寄生部位表皮挑破，虫体部分暴露，于该部位涂抹 5 ~ 25 mg/L 的晶体敌百虫药液，30 min 后清洗并涂抹紫药水防止感染，连续 3 ~ 5 d。感染鲤嗜子宫线虫的中国大鲵可用碘酒、4% ~ 5%的高锰酸钾或 0.5% ~ 1%的苯酚涂抹于病鲵患处，或 2% ~ 4%食盐水浸洗病鲵 20 ~ 30 min。车轮虫病：可用适量硫酸锌或 30 g/$m^3$ 的施必安或冰醋酸全池泼洒，若用施必安，则需注意药浴 8 h 及时换水，以免影响水质。艾美球虫病：可通过在饵料中添加定量的碘制剂投喂的方式治疗。

2）中草药治疗

中草药天然环保、药效持久、无残留、毒副作用小，在中国大鲵疾病防治方面应用前景广泛。例如，可尝试用苦楝树枝叶沤水，抑制车轮虫繁殖。苦楝中的有效成分川楝素，可刺激中国大鲵肠肌兴奋，引起虫体间歇性剧烈收缩、自发活动加强、能量供不应求，虫体失掉附着力而被驱除。毛茛中的毛茛甙，具杀虫、消肿、止痛功效，协同苦楝可驱除虫体。南瓜子中的南瓜子氨酸，可先兴奋后麻痹虫体，由于兴奋作用使虫体缩短，活动显著增加，甚至引起痉挛性收缩；与槟榔合用，表现出明显的协同作用，使虫体迅速停止活动，完全瘫痪。中草药在水生动物疾病防治方面虽取得一定进展，但仍存在很多问题，例如：多种中草药作用机制不甚明确，治疗方式、用量与效果缺乏稳定可靠的数据支持，中草药联用复方、中草药与抗生素联用复方等研究不够全面深入，均有待进一步研究。

# 参考文献


[1] 贾小梅，董旭辉，于奇，等. 我国农业农村污染治理与监管体系主要问题及对策建议[J]. 中国环境管理，2019，11（02）：10-13+17.

[2] 潘丹，唐静，杨佳庆，等. 1978—2018年中国农村环境管理政策演进特征——基于206份政策文本的量化分析[J]. 中国农业大学学报，2020，25（06）：210-222.

[3] 王亦宁. 对健全农村水环境综合治理机制的思考和建议[J]. 水利发展研究，2020，20（02）：21-29.

[4] 贾小梅，董旭辉，于奇，等. 中日农村环境管理对比及对中国的启示[J]. 中国环境管理，2019，11（02）：5-9.

[5] 林明辉，朱新平，白俊杰，等. 广东省淡水渔业科技创新问题与对策研究[J]. 中国渔业经济，2016，34（01）：42-48.

[6] 代国锋. 绥滨县淡水渔业发展现状及对策研究[D]. 呼和浩特：内蒙古农业大学，2020.

[7] 林娜. 美国区域渔业管理委员会决策机制的研究与启示[D]. 上海：上海海洋大学，2017.

[8] LIU X G, SHAO Z Y, CHENG G F, et al.Ecological engineering in pond aquaculture: a review from the whole-process perspective in China [J]. Reviews in Aquaculture, 2020, 13(2).

[9] GALLAND D, MCDANIELS T. Are new industry policies precautionary? The case of salmon aquaculture siting policy in British Columbia [J]. Environmental Science and Policy, 2008, 11(6).

[10] ISAKSEN J R, HERMANSEN Y, FLAATEN O. Stubborn fuel tax

concessions: The case of fisheries in Norway [J]. Marine Policy, 2015, 52.

[11] TOKUNAGA K, ISHIMURA G, IWATA S, et al. Alternative outcomes under different fisheries management policies: A bio-economic analysis of Japanese fisheries [J]. Marine Policy, 2019, 108.

[12] VAVREČKA A, ŠÁNOVÁ P, KALOUS L. Insight into the economy of aquaculture production in Czechia: assessment of aquaculture enterprises[J]. Aquaculture International: Journal of the European Aquaculture Society, 2020, 28(2): 199-209.

[13] 秦鹏，徐海俊. 水产养殖污染防治的现实困境与规范进路[J]. 农村经济，2019（12）：88-95.

[14] 许志强，葛家春，潘建林. 江苏淡水水产种业发展现状浅析与展望[J]. 水产养殖，2016，37（06）：35-37.

[15] 陈倩，袁永明，张红燕，等. 江苏省水产养殖保险发展研究[J]. 江苏农业科学，2020，48（12）：307-312.

[16] 高晓霞. 推进渔业绿色发展 实现生产生态双赢 广东召开水产养殖业绿色发展暨尾水治理现场推进会[J]. 海洋与渔业，2020（08）：18-19.

[17] 秦抱元，刘鹰. 澳大利亚海洋渔业工程发展概况与中澳海洋渔业合作前景分析[J]. 农业工程学报，2020，36（11）：318-326.

[18] QUIÑONES R A., FUENTES M, MONTES R M., et al. Environmental issues in Chilean salmon farming: a review[J]. Reviews in Aquaculture, 2019, 11(2).

[19] 刘国锋，徐跑，吴霆，等. 中国水产养殖环境氮磷污染现状及未来发展思路[J]. 江苏农业学报，2018，34（01）：225-233.

[20] 陈畅，熊隆明，张甲伦，等. 重庆市水产健康养殖示范创建调查[J]. 中国水产，2019（06）：49-52.

[21] OLAUSSEN J O. Environmental problems and regulation in the aquaculture industry. Insights from Norway[J]. Marine Policy, 2018.

[22] 米乃瓦尔·木衣提，热比古丽·沙吾提，牛建功. 水产养殖环境的污染及其控制策略分析[J]. 南方农业，2018，12（33）：171-172.
[23] 林波，方利平. 水产养殖过程中常见的水质问题研究[J]. 江西水产科技，2020（06）：32-33.
[24] 赵涛涛，于美波，安萍. 水产养殖过程中常见的水质问题及解决办法[J]. 农村经济与科技，2020，31（15）：75-76.
[25] 陈如潮. 我国水产养殖业发展中存在的问题及其对策探究[J]. 南方农业，2019，13（23）：114-117.
[26] 翟双且，陈静，周春霞，等. 水产养殖中常见问题的分析与管控策略[J]. 渔业致富指南，2021（01）：64-67.
[27] 彭友莲. 水产养殖环境的污染现状及控制对策[J]. 畜牧兽医科技信息，2019（12）：34-35.
[28] 刘明庆，席运官，陈秋会，等. 水产养殖环境管理与污染减排的政策建议[J]. 中国环境管理，2019，11（01）：90-94.
[29] 王书毅. 水产养殖对环境的污染及其防治措施[J]. 南方农业，2019，13（11）：167-170.
[30] 杨梅. 水产养殖环境的污染现状及其控制方案简析[J]. 黑龙江水产，2020，39（04）：14-15.
[31] 杨春艳. 水产养殖业自身污染现状及改善措施[J]. 农村实用技术，2019（07）：111-112.
[32] 赵远松. 贞丰县“稻+鱼”生态综合种养殖的现状及存在问题和对策[J]. 水产养殖，2020，41（09）：79-80.
[33] 孙茜蓉. 水产养殖环境的污染现状及控制对策[J]. 畜牧兽医科技信息，2020（06）：171.
[34] 朱丽萍. 水产养殖环境的污染现状及其控制对策[J]. 南方农机，2017，48（24）：194.
[35] 王从军，郝建英. 水产养殖环境的污染及其控制措施分析[J]. 农业开发与装备，2020（05）：124-125.
[36] 梅会清，袁建明，金素雅，等. 重庆市池塘内循环微流水养殖现状

与发展对策[J]. 中国水产，2020（03）：43-45.

[37] 高小龙. 农田土壤重金属污染的危害及修复技术浅谈[J]. 农家参谋，2019（19）：44.

[38] 瑞杰，求瑞娟，任逸晨，等. 尾矿库湿地重金属污染的生物富集特征及风险评价[J]. 生态与农村环境学报，2019，35（01）：22-27.

[39] 刘菊梅，栗利曼，沈渭寿，等. 黄河包头段灌区玉米重金属污染及人群健康风险评价[J]. 南方农业学报，2015，46（09）：1591-1595.

[40] 刘德成，李玉倩，郑纯静，等. 土壤重金属污染风险评价方法对比研究[J]. 河北农业科学，2020，24（04）：89-95.

[41] 白晨，郝天琦，赵心悦，等. 辽西沿海地区 4 种海鱼重金属富集特征与污染风险评价[J]. 现代畜牧兽医，2021（03）：70-73.

[42] 高雪飞，吴胜春，尤琼智，等. 海洋养殖鱼类体内汞污染及其在不同器官中的生物富集特征[J]. 农业环境科学学报，2017，36（06）：1078-1086.

[43] 简尊吉，倪妍妍，徐瑾，等. 中国马尾松林土壤肥力特征[J]. 生态学报，2021（13）：1-10.

[44] 黄丽丹，黄旭光，赵建文，等. 南宁市新建城市绿地土壤质量评价[J]. 湖北农业科学，2021，60（06）：36-41.

[45] 冯慧敏，孔德庸，李海渤，等. 不同农田土壤理化性质的分析与评价[J]. 韶关学院学报，2021，42（03）：59-64.

[46] 楼倩，郭春晶，代涛涛，等. 夏季环鄱阳湖区典型养殖水体富营养化特征与评价[J]. 淡水渔业，2020，50（01）：44-50.

[47] 周彬，陈刚，黄建盛，等. 草鱼精养池塘养殖水体富营养状况及藻相特征分析与评价[J]. 南方农业，2019，13（29）：140-142.

[48] 姜婧，刘琳. 土壤磷、氮与水体富营养化[J]. 农村实用技术，2020（01）：177-178.

[49] 张雅茹，黄伊恒，于博媛. 煤矿周边土壤重金属的含量特征及健康风险评价[J]. 安徽农学通报，2021，27（06）：139-144+151.

[50] 周洵平，张永江，陈本寿，等. 重庆市晏家工业园区土壤中钒和锌

含量的调查与评价[J]. 绿色科技，2020（24）：95-96.

[51] 樊志颖，李江荣，高郯，等. 色季拉山森林土壤重金属空间分布特征及污染评价[J]. 西北农林科技大学学报（自然科学版），2020，48（08）：93-100.

[52] 魏复盛，陈静生，吴燕玉，等. 中国土壤环境背景值研究[J]. 环境科学，1991（04）：12-19+94.

[53] 刘利，张乐，孙艳，等. 包头南海子湿地三种鹭鸟羽毛与环境中重金属含量的关系[J]. 动物学杂志，2018，53（04）：628-640.

[54] 王丽，陈凡，马千里，等. 东江惠州段鱼类重金属污染及健康风险评价[J]. 生态与农村环境学报，2017，33（01）：70-76.

[55] 徐承香，王登会，张思强，等. 贵阳花溪农贸市场食用鱼类重金属含量及健康风险评价[J]. 生态科学，2020，39（04）：200-206.

[56] 张志强. 左卫镇农田土壤肥力的测定与评价[J]. 农业技术与装备，2020（05）：147-148.

[57] 叶润根，陈国建，王震，等. 重庆山区不同土地利用下的土壤肥力质量研究[J]. 四川林业科技，2021，42（01）：29-34.

[58] 李传飞，刘登璐，赵平，等. 某区域内矿区土壤重金属污染与生态风险评价[J]. 四川环境，2021，40（02）：141-148.

[59] 蔡文瑜. 江阴市畜禽养殖污染治理对养殖业发展的影响[J]. 当代畜禽养殖业，2018（08）：55-56.

[60] 王祖峰，于航盛，王紫阳，等. 实施水产绿色健康养殖“五大行动”，补水产养殖业发展之短板[J]. 河北渔业，2021（04）：33-36.

[61] 刘彪. 唐山市高新区饮用水水源地环境保护的现状及对策分析[J]. 环境与发展，2020（04）：223-226.

[62] 徐靖岚. 浅谈农村环境污染的现状、成因及防治措施[J]. 资源节约与环保，2020（08）：128-130.

[63] 孙艳辉. 水产养殖尾水排放危害及其处理技术研究[J]. 河南水产，2019（03）：3-4.

[64] 贾晓平，陈海刚，陈家长，等. 我国水产养殖环境评估与治理发展

对策[J]. 中国工程科学，2016（03）：62-67.

[65] 王凯. 中国淡水水产养殖业的水环境影响及管理对策研究[J]. 中国畜牧兽医文摘，2016（04）：99.

[66] 刘栋，张成龙，朱健. 池塘循环水养殖系统构建及其生态净化效果研究进展[J]. 中国农学通报，2018（17）：145-152.

[67] 邱军强，房元喧，王松刚. 海水池塘养殖尾水处理技术与工程设计[J]. 科学养鱼，2020（02）：92.

[68] 王书毅. 水产养殖对环境的污染及其防治措施[J]. 南方农业，2019（11）：167-170.

[69] 李淑翠，安萍，李文蕾，等. 水产养殖环境的污染现状及其控制对策[J]. 山西农经，2020（16）：59+61.

[70] 杨春艳. 水产养殖业自身污染现状及改善措施[J]. 农村实用技术，2019（07）：111-112.

[71] 樊丙超. 水产养殖环境的污染现状及其控制对策初探[J]. 农家参谋，2019（14）：180.

[72] 邵征翌，张红智，李元莉，等. 实施 BMPs 促进我国水产养殖业可持续发展[J]. 科学养鱼，2016（03）：1-3.

[73] 龚明龙. 从环境监管到环境治理的改革[D]. 重庆：重庆大学，2016.

[74] 石琛. 我国政府的环境管理体制研究[J]. 山西青年，2018（03）：65-66.

[75] 曹和平. 生态文明建设的集体新动作[J]. 小康，2017（09）：28-29.

[76] 曾贤刚，魏国强. 生态环境监管制度的问题与对策研究[J]. 环境保护，2015（11）：39-41.

[77] 李兴启. 水产养殖对环境污染的防治措施[J]. 河南农业，2017（32）：46.

[78] 赵景成. 公众参与环境影响评价在水电站中的应用[J]. 山东水利，2018（02）：50-51.

[79] 嬛琳，方程. 我国环境保护公众参与的制度建设回溯与展望[J]. 沈阳工业大学学报（社会科学版），2019（06）：487-494.

[80] 黄锡生，韩英夫. 我国建设项目环评制度的现实困局及其完善路径[J]. 内蒙古社会科学（汉文版），2017（04）：114-122.

[81] 张智伟，杨小令，钱锴. 一种新型水质监测机器人的结构设计[J]. 江西水利科技，2016（03）：198-201.

[82] 邓德波. 信息化技术在水产养殖业的应用研究[J]. 农业与技术，2019（04）：1-9.

[83] 张树明，孙增民，夏广济，等. 陕西中国大鲵资源养护与产业发展[J]. 中国水产，2010（7）：29-30.

[84] 陈云祥，王伟军，江辉，等. 雌雄中国大鲵生长速度的比较实验[J]. 水利渔业，2007，4（01）：31-32.

[85] FU J. Distribution and population status of chinese giant salamander[J]. Scientific Treatise on Systematics and Evolutionary Zoology, 1993, (2): 31-34.

[86] 叶昌媛，费梁，胡淑琴. 中国珍稀及经济两栖动物[M]. 成都：四川科学技术出版社，1993.

[87] 赵尔宓. 中国濒危动物红皮书：两栖类和爬行类[M]. 北京：科学出版社，1998.

[88] 连晋，雷普勋，武大庆. 山西中国大鲵资源保护现状及对策[J]. 中国渔业经济研究，2000，（1）：40.

[89] 章克家，王小明，吴巍，等.中国大鲵保护生物学及其研究进展[J]. 生物多样性，2002（03）：291-297.

[90] 罗庆华，刘英，张立云，等.湖南张家界市中国大鲵资源调查[J]. 四川动物，2009，28（03）：422-426.

[91] 刘爱华，鲁振省. 陕西省中国大鲵资源保护及管理初探[J]. 水利渔业，2007（04）：69-71.

[92] 石灵，范念斯，高逖，等. 河南内乡宝天曼国家级自然保护区两栖动物多样性及保护[J]. 河南师范大学学报（自然科学版），2011，39（02）：138-140.

[93] 罗庆华，刘清波，刘英，等. 野生中国大鲵繁殖洞穴生态环境的初

步研究[J].动物学杂志，2007（03）：114-119.
[94] 金立诚. 中国大鲵的保护与增殖[J]. 中国水产，2000（03）：28-29.
[95] 叶昌媛，费梁，胡淑琴. 中国珍稀及经济两栖动物[M]. 成都：四川科学技术出版社，1993.
[96] 李骏珉，方树森，范维端，等. 中国大鲵的自然受精试验[J]. 四川动物，2004（03）：296-297.
[97] 肖汉兵，刘鉴毅，杨焱清，等. 池养中国大鲵的人工催产研究[J]. 水生生物学报，2006（05）：530-534.
[98] 桂庆平. 梵净山中国大鲵仿生态繁殖新技术[J]. 中国水产，2011（06）：39-41.
[99] 张红星，Andy K，沈建忠，等. 中国大鲵亲鲵的培育研究[J]. 湖北农业科学，2012，51（13）：2801-2803.
[100] 李骏珉. 探索中国大鲵繁殖盛期的试验[J]. 水产养殖，2002（05）：16-15.
[101] 刘鉴毅，肖汉兵，杨焱清，等. 中国大鲵成熟精、卵的形态学观察及受精卵孵化中的形态变化[J]. 淡水渔业，1999（03）：6-9.
[102] 赵虎，张红星，王启军，等. 中国大鲵精液离体保存的初步研究[J]. 水生态学杂志，2012，33（01）：149-152.
[103] 彭亮跃，肖亚梅，刘筠. 低温和超低温保存对中国大鲵成熟精子的影响[J]. 水生生物学报，2011，35（02）：325-332.
[104] MENG Y，ZHANG Y, LIANG HW, et al. Genetic diversity of Chinese giant salamander (Andrias davidianus) based on the novel microsatellite markers[J]. Russian Journal of Genetics, 2012(48): 1227-1231.
[105] MURPHY RW，FU J, UPTON DE, et al. Genetic variability among endangered Chinese giant salamanders, Andrias davidianus[J]. Mol Ecol. 2000 Oct; 9(10): 1539-1547.
[106] MATSUI M，TOMINAGA A，LIU WZ，et al. Reduced genetic variation in the Japanese giant salamander, Andrias japonicus (*Amphibia: Caudata*)[J]. Mol Phylogenet Evol. 2008 Oct; 49(1): 318-326.

[107] YAN F, LU J, ZHANG B, et al. The Chinese giant salamander exemplifies the hidden extinction of cryptic species[J]. Curr Biol. 2018; 28(10): R590-R592.
[108] 陶峰勇，王小明，郑合勋，等. 中国大鲵四种群的遗传结构和地理分化[J]. 动物学研究，2005（02）：162-167.
[109] 王世平，陈燃，黄正一，等. 浙江有尾两栖动物分类与演化的 RAPD 研究[J]. 复旦学报（自然科学版），1998，（04）：485-490.
[110] 牛泽清. 中国大鲵血清蛋白成分及其分子量的测定[J]. 山西中医学院学报，2000（02）：31-33.
[111] WANG J，ZHANG J，LI X，et al. Isolation and characterization of 16 microsatellite loci for the giant salamander Andrias davidianus [J]. Conservation Genetics Resources, 2014, 6(2): 367-368.
[112] HUANG Y, XIONG JL, GAO XC, et al. Transcriptome analysis of the Chinese giant salamander (*Andrias davidianus*) using RNA-sequencing[J]. Genom Data, 2017, 14: 126-131.
[113] QI ZT, HUANG B, ZHANG Q, et al. Molecular characterization，expression and evolutionary analysis of 3 cathepsin genes (CTSH，CTSL and CTSS) from Chinese giant salamander (*Andrias davidianus*) [J]. Gene Reports, 2017, 7: 25-31.
[114] QU Z. The complete mitochondrial genome of the Chinese giant salamander, *Andrias davidianus* (*Amphibia: Caudata*)[J]. Gene, 2003, 311: 93-98.
[115] 刘富强，任武成，谷云，等. 陕西汉中市中国大鲵驯养繁殖和养殖情况调查[J]. 水产养殖，2015，36（02）：32-35.
[116] 艾为明，敖鑫如. 中国大鲵的生物学特性及人工模拟生态繁殖[J]. 水利渔业，2005，（06）：46-47.
[117] 王芳，刘小召，冯骞，等. 工厂化养殖条件下中国大鲵适宜养殖密度的研究[J]. 淡水渔业，2013，43（06）：73-77.
[118] 林衍峰. 皖南野生中国大鲵资源与产业化发展关系浅析[J]. 水产

养殖，2011，（12）：40-41.

[119] 周发林，敖鑫如，张丰旺，等. 中国大鲵养殖场水质状况的研究[J]. 水利渔业，2001，4（04）：38-39.

[120] 王高学，白占涛，张向前，等. 中国大鲵赤皮病病原分离鉴定及防治试验[J]. 西北农业大学学报，1999，27（4）：71-74.

[121] 于喆，江辉，钟蕾，等. 中国大鲵细菌性感染综合症的病原分离与药敏试验分析[J]. 湖南师范大学自然科学学报，2012，35（6）：74-79.

[122] 余波，徐景峨，谭诗文，等.中国大鲵细菌性败血症病原的分离鉴定与药敏特性[J]. 中国兽医杂志，2011，47（01）：30-31

[123] Aguilera-Arreola MG, Hernández-Rodríguez C, Zúñiga G, et al. Aeromonas hydrophila clinical and environmental ecotypes as revealed by genetic diversity and virulence genes[J]. FEMS Microbiol Lett. 2005, 242(2): 231-240.

[124] 储卫华. 嗜水气单胞菌侵袭机制及其胞外蛋白酶的研究[D]. 南京：南京农业大学，2002.

[125] 黄华苑. 中国大鲵循环系统的解剖与组织学研究[D]. 南宁：广西师范大学，2003.

[126] 殷海成. 水产动物嗜水气单胞菌病病理分析[J]. 信阳农业高等专科学校学报，2007，（1）：109-111.

[127] 欧东升. 人工养殖条件下中国大鲵病害防治初探[J]. 内陆水产，2005，30（8）：17-18.

[128] 王高学，白占涛，张向前，等. 中国大鲵赤皮病病原分离鉴定及防治试验[J]. 西北农业大学学报，1999，27（4）：71-74.

[129] SHAO BM, XU W, DAI H, et al. A study on the immune receptors for polysaccharides from the roots of Astragalus membranaceus, a Chinese medicinal herb[J]. Biochem Biophys Res Commun. 2004, 320(4): 1103-1111.

[130] 王锦文，边才苗. 五味子提取物的抑菌和杀菌活性研究[J]. 安徽农

业科学，2008，4（16）：6799-6800.
[131] 杨移斌，夏永涛，赵蕾，等. 鲟源弗氏柠檬酸杆菌分离鉴定及药敏特性研究[J]. 水生生物学报，2013（04）：176-181.
[132] 王涛，刘佳维，赵雪莹. 女贞子中化学成分、药理作用的研究进展[J]. 黑龙江中医药，2019，48（06）：352-354.
[133] 张同富，杨明琅. 四川中国大鲵寄生吸虫一新属新种（吸虫纲：复殖目）[J]. 动物分类学报，1997，（02）：125-129.
[134] 张同富，杨明琅. 四川中国大鲵体内吸虫二新属新种（复殖目：隐殖科）[J]. 动物分类学报，1993（03）：270-277.
[135] 何承德，刘世修，马小琴. 寄生在中国大鲵的卷尾属线虫三新种（锥尾目：异尾科）[J]. 四川动物，1992，（03）：1-5.
[136] 费梁，叶昌媛，江建平. 中国两栖动物及其分布彩色图鉴[M]. 成都：四川科学技术出版社，2012.
[137] 袁凤霞，温小波. 鄂西棘腹蛙的生活习性及其食性的初步研究[J]. 动物学杂志，1990，4（02）：17-21.
[138] 陈高鹏. 人工环境下棘腹蛙生物学特性与生态饲养技术的研究[D]. 长沙：中南林业科技大学，2010.
[139] 郑荣泉，杜卫国，寿鹿. 黑斑侧褶蛙的两性异形和雌性繁殖特征[J]. 动物学杂志，2002（04）：14-18.
[140] KUPFER A. Sexual size dimorphism in caecilian amphibians: analysis, review and directions for future research[J]. Zoology, 2009, 112(5): 362-369.
[141] 寿鹿，杜卫国，舒霖. 金线侧褶蛙和泽陆蛙的两性异形与生育力[J]. 生态学报，2005（04）：664-668.
[142] YAN F, ZHOU W, ZHAO H, et al. Geological events play a larger role than Pleistocene climatic fluctuations in driving the genetic structure of *Quasipaa boulengeri* (*Anura: Dicroglossidae*) [J]. Mol Ecol. 2013, 22(4): 1120-1133.
[143] XIA Y, ZHENG Y, MURPHY RW, et al. Intraspecific rearrangement

of mitochondrial genome suggests the prevalence of the tandem duplication-random loss (TDLR) mechanism in Quasipaa boulengeri [J]. BMC Genomics. 2016, 17(1): 965.

[144] YUAN X, XIA Y, ZENG X. Suppressed recombination of sex chromosomes is not caused by chromosomal reciprocal translocation in Spiny Frog (*Quasipaa boulengeri*) [J]. Front Genet. 2018, 9: 288.

[145] 廖文，何颖，高海燕，等. 临床常见革兰阳性菌属简易鉴定法的研究[J]. 中国公共卫生，2003（07）：118-119.

[146] 林克冰，周宸，刘家富，等. 海水网箱养殖大黄鱼病原菌研究[J]. 海洋科学，1999，4（04）：58-62.

[147] KOZINSKA A, PEKALA A. First isolation of *Shewanella putrefaciens* from freshwater fish-a potential new pathogen of the fish [J]. Bulletin-European Association of Fish Pathologists, 2004, 24(4): 189-193.

[148] KORUN J, AKGÜN-DAR K, YAZICI M. Isolation of *Shewanella putrefaciens* from cultured European sea bass, (*Dicentrarchus labrax*) in Turkey[J]. Revue de Médecine Vétérinaire, 2009, 160(11): 532-536.

[149] 贾春红，李淑芳，张继东. 3 株方斑东风螺病原希瓦氏菌对 35 种常用抗菌药物的敏感性试验[J]. 江西水产科技，2013，1：948.

[150] 吴宝红，樊汶樵，姜玉松，等. 金黄杆菌感染棘腹蛙的分离鉴定[J]. 中国兽医杂志，2015，51（12）：97-99.

[151] 陈晓凤，陈祈辉，夏梅珠. 牛蛙“白内障”病病原及防治的研究[J]. 福建水产，1995，4（02）：13-18.

[152] 纪荣兴，邹文政，莫英军. 牛蛙“白内障”病病原的初步研究[J]. 集美大学学报（自然科学版），2003，4（01）：8-11.

[153] 高让保，杨文杰.大鲵养殖主要问题的初步分析[J]. 养殖与饲料，2008，（6）：40-42.

[154] 孙建滨，曾令兵，张辉，等. 大鲵虹彩病毒 β-丙内酯灭活方法的研究[J]. 淡水渔业，2013，43（3）：66-71.

[155] 刘丹. 大鲵蛙病毒感染大鲵的组织嗜性病理损伤及对 MHC 类基因

表达量影响的研究[D]. 成都：四川农业大学，2016.

[156] 袁江迪，陈中元，张奇亚. 正常和蛙病毒感染后大鲵血清和黏液蛋白图谱比较分析[J]. 水生生物学报，2016，40（3）：594-600.

[157] 张锐，张奇亚.大鲵蛙病毒编码 96L 蛋白（ADRV-96L）的腺苷三磷酸酶活性和促进细胞生长作用[J]. 微生物学通报，2018，45（005）：1090-1099.

[158] GENG Y, WANG K Y, ZHOU Z Y, et al. First Report of a Ranavirus Associated with Morbidity and Mortality in Farmed Chinese Giant Salamanders (*Andrias davidianus*)[J]. Journal of Comparative Pathology, 2011, 145(1): 95-102.

[159] DONG W, ZHANG X, YANG C, et al. Iridovirus Infection in Chinese Giant Salamanders, China, 2010[J]. Emerging Infectious Diseases 2011, 17(12): 2388-2389.

[160] 江育林，张旻，景宏丽，等. 患病中国大鲵中分离到一株虹彩病毒及其特性的研究[J]. 病毒学报，2011，27（03）：274-282.

[161] 沈红保，张建军，张军燕，等. 大鲵虹彩病毒的 PCR 检测及初步应用[J]. 河北渔业，2012（08）：17-19.

[162] 周勇，曾令兵，孟彦，等. 大鲵虹彩病毒 TaqMan 实时荧光定量 PCR 检测方法的建立[J]. 水产学报，2012，36（05）：772-778.

[163] 徐敬钧. 基于大鲵蛙病毒 49L ORF 的 TaqMan MGB 荧光定量 PCR 检测方法的建立及应用[D]. 成都：四川农业大学，2017.

[164] 刘星星，耿毅，周赵英，等. 大鲵蛙病毒巢氏 PCR 检测方法的建立[J]. 中国兽医学报，2014，34（3）：406-410.

[165] 王芳，康超，李永霞，等. 大鲵虹彩病毒套式 PCR 诊断方法的建立及应用[J]. 江苏农业科学，2016，44（008）：291-293.

[166] MIN Z, HONGLI J, LIFENG Z, et al. A loop-mediated isothermal amplification method for the detection of members of the *genus Ranavirus*[J]. Archives of Virology, 2013, 158(10): 2121-2126.

[167] MENG Y, ZHANG H, LIANG H W, et al. Development of a

loop-mediated isothermal amplification assay for rapid detection of iridovirus in the Chinese giant salamander [J]. Journal of Virological Methods, 2013, 194(1-2): 211-216.

[168] 周小愿，张星朗，贾秋红，等. 大鲵虹彩病毒主要衣壳蛋白主要抗原表位区的原核表达及抗血清制备[J]. 细胞与分子免疫学杂志，2016，32（10）：1407-1411.

[169] 曾令兵，高正勇，张辉，等. 大鲵虹彩病毒主衣壳蛋白的原核表达及多抗制备和应用[P]. 湖北：CN102643835A，2012.

[170] 邓绿洲. 大鲵蛙病毒（CGSRV）灭活疫苗的研制与免疫效应研究[D]. 成都：四川农业大学，2015.

[171] 周燕. RNA 干扰对大鲵蛙病毒（CGSRV）主要功能基因表达与增殖影响的研究[D]. 成都：四川农业大学，2016.